第一推动丛书: 宇宙系列
The Cosmos Series

时空本性
The Nature of Space and Time

[英] 史蒂芬·霍金 [英] 罗杰·彭罗斯 著 吴忠超 杜欣欣 译
Stephen Hawking Roger Penrose

湖南科学技术出版社

THE
FIRST
MOVER

总序

《第一推动丛书》编委会

科学，特别是自然科学，最重要的目标之一，就是追寻科学本身的原动力，或曰追寻其第一推动。同时，科学的这种追求精神本身，又成为社会发展和人类进步的一种最基本的推动。

科学总是寻求发现和了解客观世界的新现象，研究和掌握新规律，总是在不懈地追求真理。科学是认真的、严谨的、实事求是的，同时，科学又是创造的。科学的最基本态度之一就是疑问，科学的最基本精神之一就是批判。

的确，科学活动，特别是自然科学活动，比起其他的人类活动来，其最基本特征就是不断进步。哪怕在其他方面倒退的时候，科学却总是进步着，即使是缓慢而艰难的进步。这表明，自然科学活动中包含着人类的最进步因素。

正是在这个意义上，科学堪称为人类进步的“第一推动”。

科学教育，特别是自然科学的教育，是提高人们素质的重要因素，是现代教育的一个核心。科学教育不仅使人获得生活和工作所需的知识和技能，更重要的是使人获得科学思想、科学精神、科学态度以及科学方法的熏陶和培养，使人获得非生物本能的智慧，获得非与生俱来的灵魂。可以这样说，没有科学的“教育”，只是培养信仰，而不是教育。没有受过科学教育的人，只能称为受过训练，而非受过教育。

正是在这个意义上，科学堪称为使人进化为现代人的“第一推动”。

近百年来，无数仁人志士意识到，强国富民再造中国离不开科学技术，他们为摆脱愚昧与无知做了艰苦卓绝的奋斗。中国的科学先贤们代代相传，不遗余力地为中国的进步献身于科学启蒙运动，以图完成国人的强国梦。然而可以说，这个目标远未达到。今日的中国需要新的科学启蒙，需要现代科学教育。只有全社会的人具备较高的科学素质，以科学的精神和思想、科学的态度和方法作为探讨和解决各类问题的共同基础和出发点，社会才能更好地向前发展和进步。因此，中国的进步离不开科学，是毋庸置疑的。

正是在这个意义上，似乎可以说，科学已被公认是中国进步所必不可少的推动。

然而，这并不意味着，科学的精神也同样地被公认和接受。虽然，科学已渗透到社会的各个领域和层面，科学的价值和地位也更高了，但是，毋庸讳言，在一定的范围内或某些特定时候，人们只是承认“科学是有用的”，只停留在对科学所带来的结果的接受和承认，而不是对科学的原动力——科学的精神的接受和承认。此种现象的存在也是不能忽视的。

科学的精神之一，是它自身就是自身的“第一推动”。也就是说，科学活动在原则上不隶属于服务于神学，不隶属于服务于儒学，科学活动在原则上也不隶属于服务于任何哲学。科学是超越宗教差别的，超越民族差别的，超越党派差别的，超越文化和地域差别的，科学是普适的、独立的，它自身就是自身的主宰。

湖南科学技术出版社精选了一批关于科学思想和科学精神的世界名著，请有关学者译成中文出版，其目的就是为了传播科学精神和科学思想，特别是自然科学的精神和思想，从而起到倡导科学精神，推动科技发展，对全民进行新的科学启蒙和科学教育的作用，为中国的进步做一点推动。丛书定名为“第一推动”，当然并非说其中每一册都是第一推动，但是可以肯定，蕴含在每一册中的科学的内容、观点、思想和精神，都会使你或多或少地更接近第一推动，或多或少地发现自身如何成为自身的主宰。

再版序
一个坠落苹果的两面：极端智慧与极致想象

龚曙光

2017年9月8日凌晨于抱朴庐

连我们自己也很惊讶，《第一推动丛书》已经出了25年。

或许，因为全神贯注于每一本书的编辑和出版细节，反倒忽视了这套丛书的出版历程，忽视了自己头上的黑发渐染霜雪，忽视了团队编辑的老退新替，忽视好些早年的读者，已经成长为多个领域的栋梁。

对于一套丛书的出版而言，25年的确是一段不短的历程；对于科学研究的进程而言，四分之一个世纪更是一部跨越式的历史。古人“洞中方七日，世上已千秋”的时间感，用来形容人类科学探求的速律，倒也恰当和准确。回头看看我们逐年出版的这些科普著作，许多当年的假设已经被证实，也有一些结论被证伪；许多当年的理论已经被孵化，也有一些发明被淘汰……

无论这些著作阐释的学科和学说，属于以上所说的哪种状况，都本质地呈现了科学探索的旨趣与真相：科学永远是一个求真的过程，所谓的真理，都只是这一过程中的阶段性成果。论证被想象讪笑，结论被假设挑衅，人类以其最优越的物种秉赋——智慧，让锐利无比的理性之刃，和绚烂无比的想象之花相克相生，相否相成。在形形色色的生活中，似乎没有哪一个领域如同科学探索一样，既是一次次伟大的理性历险，又是一次次极致的感性审美。科学家们穷其毕生所奉献的，不仅仅是我们无法发现的科学结论，还是我们无法展开的绚丽想象。在我们难以感知的极小与极大世界中，没有他们记历这些伟大历险和极致审美的科普著作，我们不但永远无法洞悉我们赖以生存世界的各种奥秘，无法领略我们难以抵达世界的各种美丽，更无法认知人类在找到真理和遭遇美景时的心路历程。在这个意义上，科普是人类极端智慧和极致审美的结晶，是物种独有的精神文本，是人类任何其他创造——神学、哲学、文学和艺术无法替代的文明载体。

在神学家给出“我是谁”的结论后，整个人类，不仅仅是科学家，包括庸常生活中的我们，都企图突破宗教教义的铁窗，自由探求世界的本质。于是，时间、物质和本源，成为了人类共同的终极探寻之地，成为了人类突破慵懒、挣脱琐碎、拒绝因袭的历险之旅。这一旅程中，引领着我们艰难而快乐前行的，是那一代又一代最伟大的科学家。他们是极端的智者和极致的幻想家，是真理的先知和审美的天使。

我曾有幸采访《时间简史》的作者史蒂芬·霍金，他痛苦地斜躺在轮椅上，用特制的语音器和我交谈。聆听着由他按击出的极其单调的金属般的音符，我确信，那个只留下萎缩的躯干和游丝一般生命气息的智者就是先知，就是上帝遣派给人类的孤独使者。倘若不是亲眼所见，你根本无法相信，那些深奥到极致而又浅白到极致，简练到极致而又美丽到极致的天书，竟是他蜷缩在轮椅上，用唯一能够动弹的手指，一个语音一个语音按击出来的。如果不是为了引导人类，你想象不出他人生此行还能有其他的目的。

无怪《时间简史》如此畅销！自出版始，每年都在中文图书的畅销榜上。其实何止《时间简史》，霍金的其他著作，《第一推动丛书》所遴选的其他作者著作，25年来都在热销。据此我们相信，这些著作不仅属于某一代人，甚至不仅属于20世纪。只要人类仍在为时间、物质乃至本源的命题所困扰，只要人类仍在为求真与审美的本能所驱动，丛书中的著作，便是永不过时的启蒙读本，永不熄灭的引领之光。

虽然著作中的某些假说会被否定，某些理论会被超越，但科学家们探求真理的精神，思考宇宙的智慧，感悟时空的审美，必将与日月同辉，成为人类进化中永不腐朽的历史界碑。

因而在25年这一时间节点上，我们合集再版这套丛书，便不只是为了纪念出版行为本身，更多的则是为了彰显这些著作的不朽，为了向新的时代和新的读者告白：21世纪不仅需要科学的功利，而且需要科学的审美。

当然，我们深知，并非所有的发现都为人类带来福祉，并非所有的创造都为世界带来安宁。在科学仍在为政治集团和经济集团所利用,甚至垄断的时代，初衷与结果悖反、无辜与有罪并存的科学公案屡见不鲜。对于科学可能带来的负能量，只能由了解科技的公民用群体的意愿抑制和抵消：选择推进人类进化的科学方向，选择造福人类生存的科学发现，是每个现代公民对自己，也是对物种应当肩负的一份责任、应该表达的一种诉求！在这一理解上，我们将科普阅读不仅视为一种个人爱好，而且视为一种公共使命！

牛顿站在苹果树下，在苹果坠落的那一刹那，他的顿悟一定不只包含了对于地心引力的推断，而且包含了对于苹果与地球、地球与行星、行星与未知宇宙奇妙关系的想象。我相信，那不仅仅是一次枯燥之极的理性推演，而且是一次瑰丽之极的感性审美……

如果说，求真与审美，是这套丛书难以评估的价值，那么，极端的智慧与极致的想象，则是这套丛书无法穷尽的魅力！

出版前言

爱因斯坦说过关于宇宙的最不可理解的事是它是可理解的。他是正确的吗？量子场论和爱因斯坦的广义相对论，这两种在整个物理学中最精确和成功的理论能被统一在单独的量子引力中吗？关于这个问题，世界上两位最著名的物理学家——史蒂芬·霍金（《时间简史》的作者）和罗杰·彭罗斯（《皇帝新脑》《精神的影子（*Shadows of Mind*）》的作者）——持不同意见。在这部基于六次讲演和最后辩论的著作中，他们阐述了各自的立场。这些讲演是在剑桥大学的伊萨克·牛顿数学科学研究所进行的。

量子引力能够解释大爆炸的更早时刻以及像黑洞这样令人迷惑的物体的物理，那么，如何建立量子引力呢？为什么在我们的宇宙这一块，正像爱因斯坦所预言的，看不到量子效应？奇异的量子过程如何使黑洞蒸发，它们所吞没的所有信息到哪儿去了？时间为何往前进，而不往后退？

这两位对手在本书中触及所有这些问题。彭罗斯，正像爱因斯坦那样，拒绝把量子力学接受为最终理论。霍金的想法不同，他论断道，广义相对论不能简单地解释宇宙的开端。只有量子引力和无边界假设相结合才有望解释我们对宇宙的观测。和霍金的实证主义立场不同，彭罗斯采取了实在主义立场。他认为宇宙是开放的，并将永远膨胀。他论断道，按照光锥几何，时空的压缩和变形以及利用扭量理论，可以理解宇宙。读者在最后的辩论中可以看到，霍金和彭罗斯对寻求最终统一量子力学和相对论的意见如何不同以及在理解这种不可理解的东西方面，他们所进行的不同努力。

译者序

杜欣欣　吴忠超

1996 年 8 月 15 日

于冈多佛堡

今年夏天，译者第三次应邀到梵蒂冈天文台访问。夜里和天文学家们一道观赏奇妙的宇宙天体，日间则遨游于抽象的时空理论之中。这本译作便是这个月的结果。

天文台位于罗马东南远郊的冈多佛堡，它俯瞰着一片翡翠般的火山湖，环湖逶迤的山岭间遍布森林、花园和别墅。此处之所以闻名于世，是因为它是教皇夏宫的所在地。天文台和它的望远镜耸立在夏宫的最高层，译者办公室的下一层即是教皇的卧室。礼拜日中午教皇主持的弥撒更使这个旅游和宗教胜地充满了来自世界各地的教徒。

此地对于本书另有一层历史渊源。1981年本书作者之一霍金应教廷科学院之邀，在宇宙论会议上首次发表了无边界宇宙的思想。会议之后，教皇在冈多佛堡接见与会者。按照西方的传统，教徒在这个场合必须在教皇前行跪礼。但是当霍金驱动其轮椅来到教皇之前时，历史上奇异的一幕出现了，教皇离开其座位并跪下，使他便于脸对脸和霍金会晤。这使得四周的教徒们目瞪口呆，且不说霍金自己所深爱的无边界宇宙理论正是无神论的彻底体现。

宗教作为文化的一种载体，与科学之间的恩恩怨怨不是三言两语能道得尽的。布鲁诺和伽利略受到的迫害是众所周知的。事实上，1633年正是在这个宫殿里，当时的教皇乌尔班八世签署了谴责伽利略的文件。1979年11月10日正值爱因斯坦百年诞辰，当今教皇约翰·保罗二世发表文告宣布伽利略是正确的，并组织编撰有关伽利略的著作，他还深情地提及，爱因斯坦生前荣耀，而伽利略却备受磨难。的确也是，三百多年后的今天，这对伽利略还有什么意义呢？值得注意的是，他并没有公开承认教会犯了错误。当然教会和科学也并非总是对立的，利玛窦由于对东西方文化交流的贡献而名留史册，这在他12年前和译者的一次交谈中还着意强调过。

从布鲁诺在罗马鲜花广场受火刑，到伽利略得到平反，世界文明无论如何是进步了。现在人们可以从容地创造和欣赏科学理论，而不必担心遭受到和伽利略一样的命运。在科学史上，伽利略在西方第一次提出了经典的相对论原理，而他在比萨斜塔上进行的自由落体实验的意义，直到三百年后才由爱因斯坦的广义相对论所充分阐明。本书阐述的正是相对论、宇宙论和时空论的最前沿知识。霍金和彭罗斯的理论如此美丽，简直可当成艺术品来鉴赏。当我们沉湎在他们的体系中时，就会和仰望星空一样，惊叹造化的神奇。当然这些理论还不是完备的，有些论题，尤其是时间箭头等还远未臻于澄明境界，读者阅赏此书之际，定会所见略同。

写到此刻，已近午夜。临湖酒吧歌声早已沉寂，窗外星空依然灿烂。在此时空边缘的“仙凡界”俯仰古今，缅怀先贤，不禁感慨系之。

前言

迈克尔·阿蒂雅

1994年在剑桥大学的伊萨克·牛顿数学科学研究所进行了一项为期6个月的计划，本书所记载的在罗杰·彭罗斯和史蒂芬·霍金之间进行的一场辩论是该计划的高潮。它描述了一场有关宇宙本性的某些最基本的观念的严肃的讨论。不用说，我们还未到达尽头，处处充满了不确定性和争议，还有许多可供论争的。

60多年前，关于量子力学的基础，在尼尔斯·玻尔和阿尔伯特·爱因斯坦之间进行了一场著名的旷日持久的辩论。爱因斯坦拒绝把量子力学接受为终极理论。他发现，它在哲学上是不充足的，他对以玻尔为代表的哥本哈根学派的正统解释发动了一场猛烈的战争。

在某种意义上，彭罗斯和霍金之间的辩论可以视作早期那场论争的继续，在这里彭罗斯担任爱因斯坦的角色，而霍金担任玻尔的角色。尽管问题变得更为复杂，也更为广泛，但是正如过去那样，技巧的论证和哲学的观点相互纠缠，无法分开。

量子理论，或者它的更高级的形式量子场论，现在已被高度发展，在技巧方面已经十分成功，尽管还存在像罗杰·彭罗斯这样的在哲学上持怀疑态度者。广义相对论，也就是爱因斯坦的引力论，也同样经历了时间的考验，并取得了举世瞩目的成功，虽然还遗留有关奇性或者黑洞的严重问题。

主导霍金-彭罗斯讨论的真正关键在于把这两种成功的理论结合在一起，并产生一种“量子引力”的理论。这里牵涉到许多高深的概念和技术问题，这便是这些讲演中探讨的范围。

本书所涉及的基本问题，包含诸如“时间箭头”，宇宙诞生处的初始条件以及黑洞吞没信息的方式。霍金和彭罗斯在有关所有这些以及许多其他的问题上都非常微妙地采取了不同的立场。不管在数学上还是在物理上他们都认真地表述自己的看法，其争论的形式使富有意义的相互批评得以实现。

虽然有些讲演需要读者具备数理知识的背景，但是许多论证是在使更广大读者感兴趣的更高深的水平上进行的。读者至少对于所讨论的观念的广阔和精微，以及对于寻找一种包括引力论和量子论在内的宇宙和谐图像的伟大挑战能获知梗概。

感谢

作者、出版者以及伊萨克 · 牛顿数学科学研究所感谢以下在准备这些讲演和编写本书时惠予帮助的人士，他们是马提亚斯 · R. 嘉柏迪尔，赛蒙 · 基尔，约纳逊 · B. 罗杰斯，丹尼尔 · R. D. 史可特以及保罗 · A. 莎。

目录

第 1 章 001 经典理论 史蒂芬·霍金
第 2 章 026 时空奇性结构 罗杰·彭罗斯
第 3 章 037 量子黑洞 史蒂芬·霍金
第 4 章 061 量子理论和时空 罗杰·彭罗斯
第 5 章 075 量子宇宙学 史蒂芬·霍金
第 6 章 103 时空的扭量观点 罗杰·彭罗斯
第 7 章 120 辩论 史蒂芬·霍金和罗杰·彭罗斯

137 参考文献

第1章 经典理论

史蒂芬·霍金

罗杰·彭罗斯和我将在这些讲演中发表我们关于时空本性的相关的但是相当不同的观点。我们将交替讲演，每人讲三次，最后是有关我们不同方法的讨论。我应当在此强调，这些讲演是相当技术性的。假定听者具有广义相对论和量子理论的基本知识。

里查德·费因曼写过一篇短文，描述他参加广义相对论会议的经验。我想那是1962年在华沙召开的会议。他对与会者的能力以及文不对题非常瞧不起。此后不久广义相对论的声望扶摇而上，并引起广泛兴趣，这应大大地归功于罗杰的研究贡献。在此之前，广义相对论被表达成在单独坐标系统下的一堆繁复的偏微分方程。人们在找到一种解后即欢欣鼓舞，根本不在乎其是否在物理学上有意义。然而，罗杰引出了诸如旋量和全局方法的现代概念。他首先指出，不必准确地解方程，即能发现一般性质。正是他的第一道奇性定理引导我去研究因果性结构并刺激我有关奇性和黑洞的经典研究的灵感。

我认为罗杰和我在经典工作方面的观点相当一致。然而，我们在量子引力，或者毋宁说量子理论本身的研究上分道扬镳。虽然我因为提出过量子相干性丧失的可能性，而被粒子物理学家们认定为危险的激进主义者，但和罗杰相比，肯定只能算作保守主义者。我采取实证主义的观点，物理理论只不过是一种数学模型，询问它是否和实在相对应是毫无意义的。人们所能寻求的是其预言应与观察的一致。我以为罗杰内心自认为是位柏拉图主义者，这要由他自己承认才算。

虽然有人提出，时空可以有分立结构，我看不出有任何理由应当抛弃连续的理论，因为它曾经是这样的成功。广义相对论是一项漂亮的理论，它和迄今进行的所有观察都符合。它也许在普朗克尺度下需要修正，但是我认为这不会影响由它做出的许多预言。它也许只不过是某种更基本理论的低能近似，比如说弦理论，但是我认为弦理论被过分兜售。首先，人们不清楚，广义相对论和超引力中的其他各种场相结合时，是否能给出有意义的量子理论。关于超引力死亡的报道极尽夸张之能事。第一年所有人都相信超引力是有限的。下一年时尚变更，所有人又都说超引力肯定有发散，虽然迄今没有人真正找到这种发散。我不讨论弦理论的第二种原因是，弦理论没有做过任何可以检验的预言。与此成鲜明对比的是，我将要讲到的，量子理论广义相对论的直接应用已经做出了两项可以检验的预言，其中的一项预言是，在暴涨期的小微扰的发展似乎已为最近观察到的微波背景的起伏所证实；另一项预言，黑洞应当热辐射，在原则上是可以检验的。我们所要做的一切是去发现太初黑洞。可惜的是，周围似乎没有很多。如果有的话，我们就知道如何量子化引力。

甚至如果弦理论真的是自然的终极理论，那么这些预言也没有一个要被改变。但是弦理论，至少在它目前的发展阶段上，除了声称广义相对论为它的低能有效理论外，根本做不出这些预言。我怀疑这种情形将会一成不变，弦理论也许永远做不出广义相对论或者超引力所做不出的预言。如果果真如此，人们就怀疑，弦理论是否为一种真正的科学理论。没有特别的可以在观测上检验的预言，光是数学上的漂亮和完备是否就已经足够了？况且，现阶段弦理论既不漂亮也不完备。

由于这些原因，我将在这些讲演中讨论广义相对论。我将集中于两个领域，在这两个领域引力似乎引起和其他场论完全不同的特点。第一个是引力使时空具有一个开端也许还具有一个终点的观念。第二个是似乎存在不同于粗粒化产生的内禀的引力熵的发现。某些人声称，这些预言不过是半经典近似的人为的产物。他们说，弦理论也就是真正的量子引力论，将会抹平这种奇性并对黑洞辐射引进相干性，因此在粗粒化含义上它只不过是近似热性的。如果情形果真如此，则是相当无趣的。引力就和其他场相类似。但是，我相信，它是显著不同的，因为它自己形成供自己表演的舞台，而不像其他的场一样，只不过是在固定的时空背景中表演。也正因为如此才导致时间具有开端的可能性。它还导致宇宙中观测不到的区域所引出的我们无法度量的引力熵的概念。

我在这次讲演中回顾经典广义相对论中导致这些观念的工作。我在第二次和第三次讲演（第3章和第5章）中将指出，进入量子理论后，它们将如何被改变被推广。我的第二次讲演是关于黑洞的，而第三次是关于量子宇宙学。

罗杰为研究奇性和黑洞引进了关键的技巧，我也助他一臂之力，这就是时空大尺度因果性结构的学问。$\mathcal{I}^+(p)$被定义为时空M的纵点p可用未来指向的类时曲线到达所有点的集合（见图1.1）。人们可把$\mathcal{I}^+(p)$认为是所有会被在p处发生之事件所影响的事件的集合。另一类似的定义是把加号换成负号，未来换成过去。我把这种定义认为是自明的。

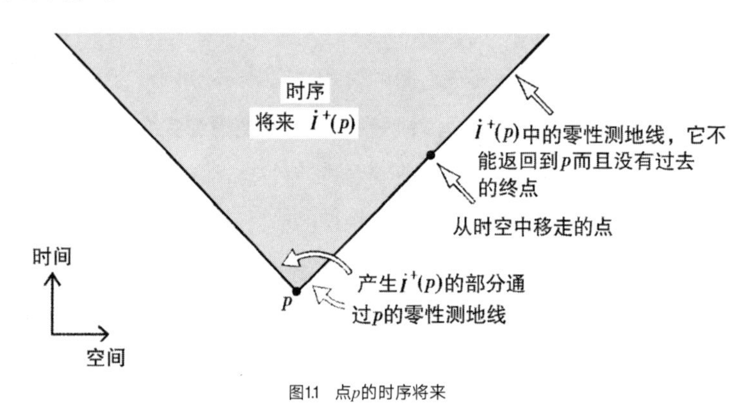

图1.1 点p的时序将来

我们现在考虑一个集合S的未来的边界$\mathcal{I}^+(S)$。可以相当容易看出，这个世界不能是类时的。因为在这种情形下，一个恰好在边界之外的点可以是一个恰好在里面的点p的未来。未来的边界也不能是类空的，除了刚好在集S上的除外，因为在那处情形下，从刚好在边界未来出发的每一根过去指向的曲线都会穿越过边界并且离开S的未来，这就和q是在S未来中的事实相冲突（图1.2）。

所以人们可以得到结论，除了集S本身之外未来边界是零性的。更精确地说，如果q是在该未来的边界但是不在S的闭包上，则存在一根通过q并落在边界上的过去指向的零性测地线段（见图1.3）。也可能存在不止一根通过q的落在边界上的零性测地线段，但是在那种情形下，q将是该线段的未来端点。换句话说，S的未来的边界是由这种零性测地线生成的，这种零性测地线在边界上有未来端点，如果它们和其他的生成元相交的话将要进入未来的内部。另一方面，该测地线只能在S上才有过去端点。然而，存在这样的时空，其中一个集合S的未来的边界的生成元永远不和S相交。这种生成元不能有过去端点。

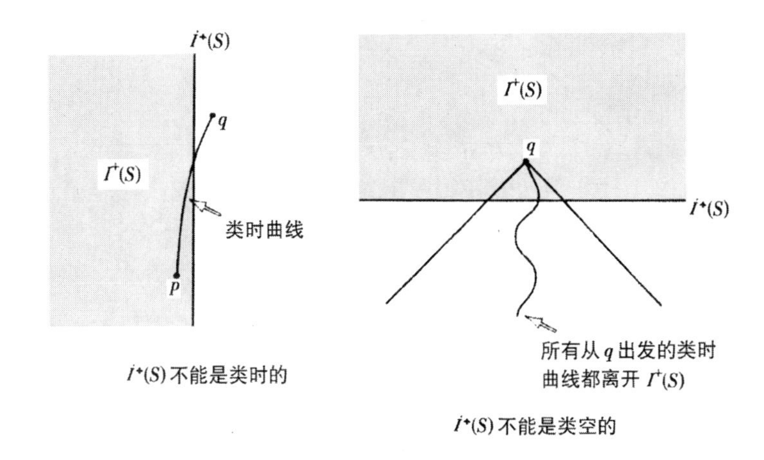

图1.2 时序将来的边界既不能是类时的也不能是类空的

一个简单的例子是在闵可夫斯基空间中把一根水平线段移走（见图1.4）。如果集S落在这根水平线的过去，该线就会投下一个阴影，并且存在刚好在该线将来的点，这些点不在S的未来。存在S的未来的边界的一根生成元，它返回到该水平线的端点上。然而，因为水平线的端点已从时空中移走，这根边界的生成元就没有过去的终点。这个时空是不完整的，但是人们把在水平线端点附近的度规乘上一个适当的共形因子，就可以挽救它。尽管类似这样的空间是非常人为的，但是，在提醒你在研究因果性结构时必须谨慎方面，这些例子十分重要。事实上，罗杰·彭罗斯在担任我的一位博士论文考官时指出，一个类似我刚才描述的空间，正是我在论文中做的某些断言的反例。

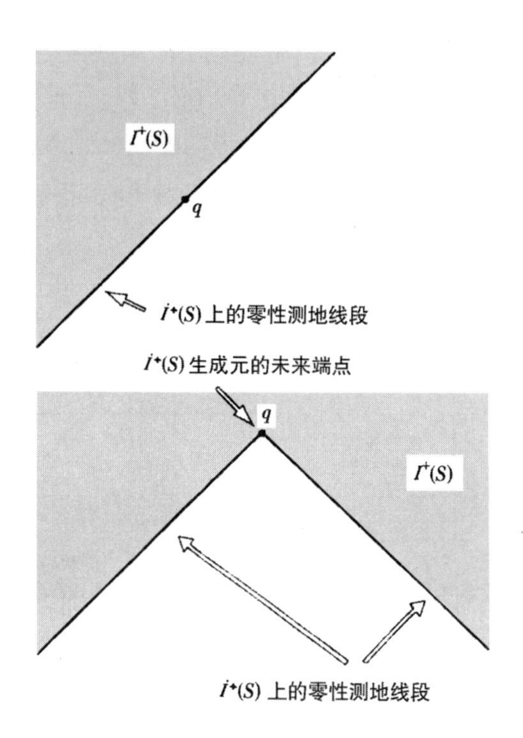

图1.3　上：点q落在未来边界上，所以在边界上通过q存在一根零性测地线
下：如果存在不止一根这种线段，则点q将是它们的未来端点

为了指出未来的边界的生成元具有在该集上的一个过去端点，人们必须在因果性结构上附加某种全局的条件。最强的也是物理上最重要的条件便是全局双曲性。一个开集U如果满足如下条件，便被称为全局双曲的：

1.在U中的任何一对点p和q，p的未来和q的过去的交集具有紧致的闭包。换言之，它是一个有界的金刚石形状的区域（图1.5）。

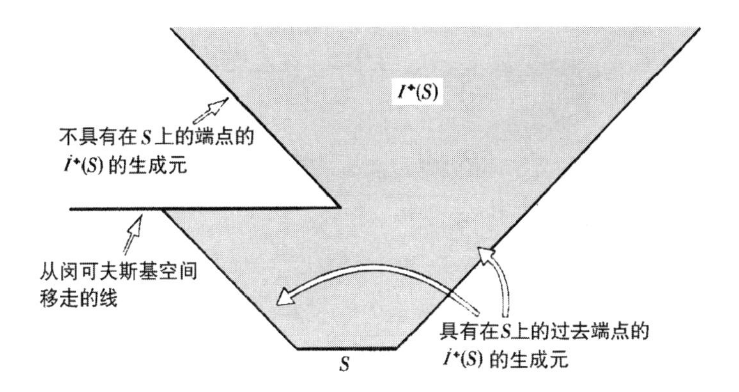

图1.4 由于从闵可夫斯基空间移走了一根线，集S的未来的边界具有一根没有过去端点的生成元

2.在U上强因果性成立。也就是说，在U中不包含闭合的或者几乎闭合的类时曲线。

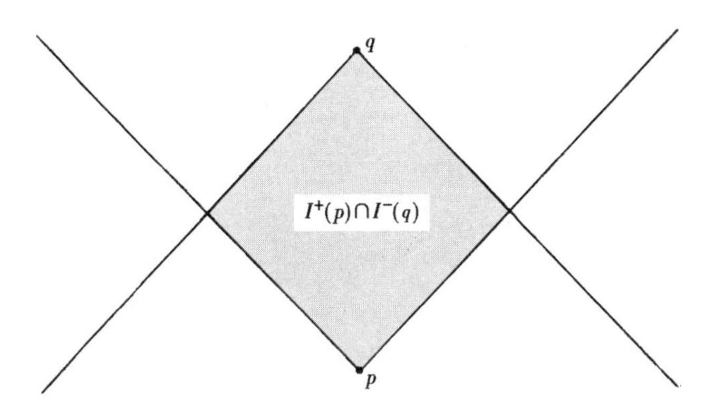

图1.5 p过去和q未来交集具有紧致的闭包

可以从以下事实看到全局双曲性的物理意义，对于U存在一族柯西面$\sum(t)$（见图1.6）。U的一个柯西面是和U中的每一根类时曲线

相交一次并仅仅一次的类空的或零性的曲面。人们从柯西面上的数据可以预言在U所要发生的事件，而且人们在一个全局双曲的背景下可以表述行为良好的量子场论。人们在一个非全局双曲的背景下能否表述一种有意义的量子场论，这一点尚未清楚。这样全局双曲性也许在物理上是必须的。但是，我的观点是我们不应这么假想，因为这样做也许会排除掉引力要告诉我们的某种东西。我们宁愿从其他物理上合理的假设推导出时空的某些区域是全局双曲的。

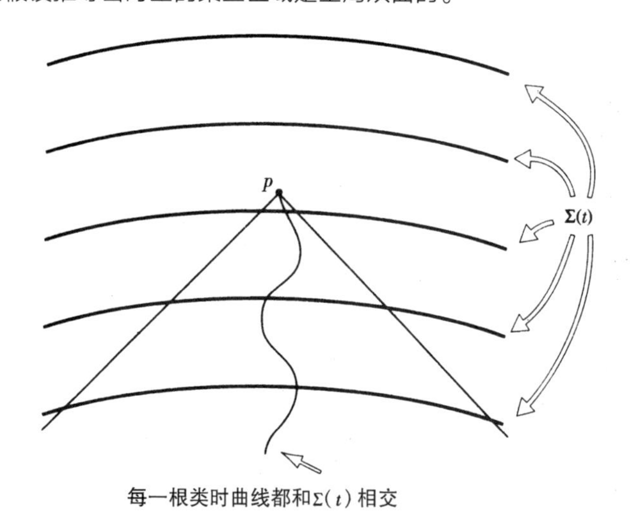

图1.6 U的一族柯西面

由下面的论证可以得知全局双曲性对奇性定理的意义。设想U是全局双曲的，p和q为U中的可被类时或零性曲线连接起来的两点。那么，在p和q之间存在一根类时的或零性的测地线，它的长度在所有从p到q的类时或零性曲线中取极大值（图1.7）。证明的方法是指出，所有从p到q的类时或零性曲线的空间在一定的拓扑下是紧致的。然

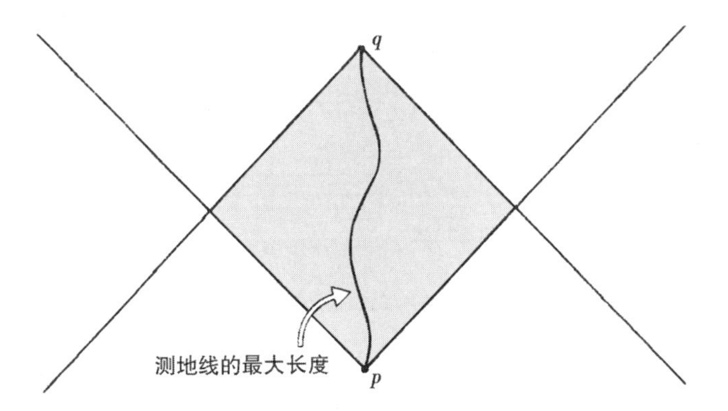

图1.7 在全局双曲空间中，存在一根测地线，它的长度在所有两点的类时或零性曲线中取极大值

后再指出在这个空间中曲线的长度是上端半连续的函数。所以，它必须到达其极大值，而且其极大长度的曲线将是一根测地线，否则的话，一个小变分就会给出更长的曲线。

现在人们可以考虑测地线γ长度的第二阶变分。可以指出，如果存在一根无限邻近的从p出发的测地线，它在p和q之间的一点r处和γ相交，则点r就被称作和p共轭（图1.8）。人们可以用地球表面上的两点p和q来阐述它。人们能不失一般性地把北极当作p点。因为地球具有正定的度规，而非洛伦兹度规，因此存在极小长度的测地线，而非极大长度的测地线。这根极小测地线是从北极跑到点q的一根经线。但是从p到q还存在另一根测地线，它从北极在背后跑到南极再回到q。这根测地线包含有南极这一点作为p的共轭点，所有从北极出发的测地线都在南极相交。在小变分的情形下两根从p到q的测地线都是长度的稳定点。但是在现在正定度规的情形下，一根包含有共轭点的测地线的二阶变分能给出从p到q的更短的曲线。这样，在地球的例

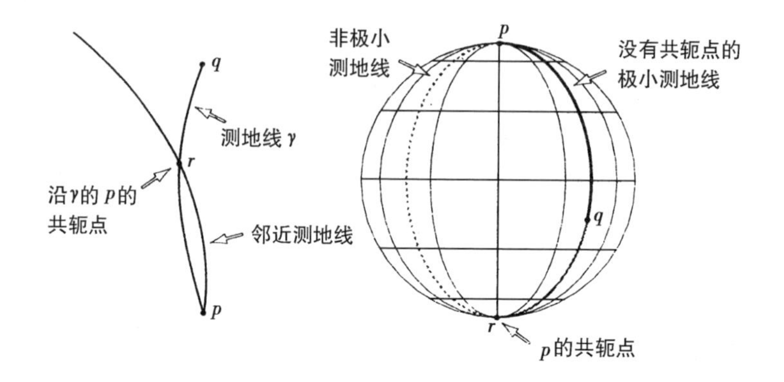

图1.8　左：如果在测地线上的p和q之间存在有共轭点r，它就不是具有极小长度的测地线。右：从p到q的非极小测地线在其南极具有共轭点

子中，我们推导出，从后面下来到南极再返上来的那根测地线，不是从p到q的最短的曲线。这个例子是非常显明的。然而，在时空的情形，人们应指出在某种假定下，应当存在一个全局双曲的区域，在该区域中两点之间的每一根测地线上应当存在共轭点。这就导致一个冲突，它表明被当作非奇性时空定义的测地线完整性的假设是错误的。

人们在时空中得到共轭点的原因是，引力是吸引力。所以它以这样的方式使时空弯曲，邻近的测地线向相互方向弯折而不是离开。人们从雷乔德符里或纽曼–彭罗斯方程可以看到这一点，我以统一的方式将这方程写在下面

雷乔德符里–纽曼–彭罗斯方程

$$\frac{\mathrm{d}\rho}{\mathrm{d}v}=\rho^2+\sigma^{ij}\sigma_{ij}+\frac{1}{n}R_{ab}l^a l^b$$

此处　$n=2$适用于零性测地线，

$n=3$适用于类时测地线。

此处v是沿着一簇测地线的仿射参量，其切矢量l^a是超面正交的。量ρ是测地线平均收敛率，σ是切变的测度。项$R_{ab}l^al^b$是物质对测地线收敛的直接引力效应。

爱因斯坦方程

$$R_{ab}-\frac{1}{2}g_{ab}R=8\pi T_{ab}$$

弱能量条件

$$T_{ab}v^av^b\geqslant 0$$

对任何类时矢量v^a成立。

按照爱因斯坦方程，如果物质服从所谓的弱能量条件，则对于任何零性矢量l^a，这一项将是非负的。这是说，能量密度T_{00}在任何坐标系中都是非负的。任何合理的物质，比如讲标量场或者电磁场或者具有合理状态方程的流体的经典能量动量张量都符合弱能量条件。然而，能量动量张量的量子力学平均值可能局部地违反这个条件。这会在我的第二次和第三次讲演（第3章和第5章）中涉及。

假设弱能量条件成立，而且从点p出发的零性测地线开始再次收敛，还有ρ在那儿具有正值ρ_0，那么，纽曼-彭罗斯方程意味着，收敛率ρ会在仿射参数距离$\frac{1}{\rho_0}$之内的一点q处变成无穷大，如果零性测地线能延展到那么远的话。

如果在$v=v_0$处$\rho=\rho_0$，那么$\rho\geqslant\dfrac{1}{\rho^{-1}+v_0-v}$，

这样，在$v=v_0+\rho_0^{-1}$之前应存在一个共轭点。

从p出发的无限邻近的测地线将在q处相交。这表明沿着连接它们的零性测地线点q和p相共轭。对于在比点q更远的γ上的点，由γ的变分可得到从ρ出发的一根类时曲线。这样在比共轭点q更远处，γ不能落在ρ的未来的边界上，因此作为ρ的未来的边界的一个生成元γ将有一个未来的端点（图1.9）。

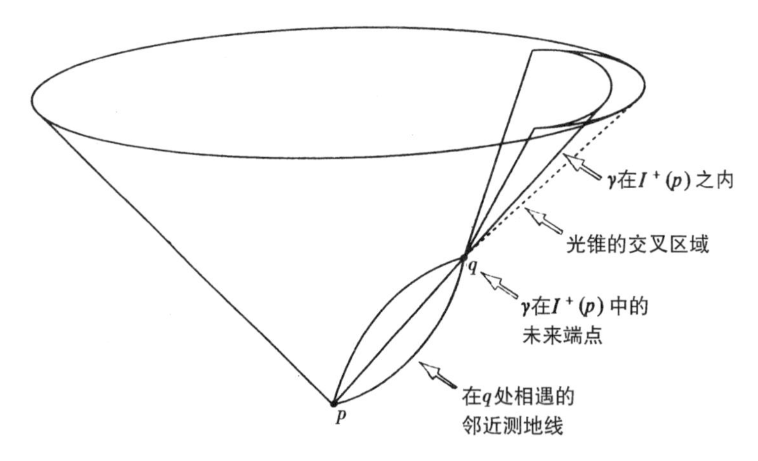

图1.9　沿着零性测地线点q和p相共轭，所以连接p和q的零性测地线将在q处离开p的未来的边界

类时测地线的情形很类似，除了强能量条件所要求的，对于任何类时矢量l^a，$R_{ab}l^al^b$必须非负。顾名思义，这个条件相当苛刻。然而，在经典理论中，至少在平均的意义上，它仍然在物理上是合理的。如果强能量条件成立，而且从p出发的类时测地线开始重新收敛，则存在一点q和p相共轭。

强能量条件

$$T_{ab}v^{a}v^{b} \geqslant \frac{1}{2}v^{a}v_{a}T$$

最后，存在一般能量条件。它首先说强能量条件成立。其次，每一根类时或零性测地线都会遭遇到某一点，在该处存在某种曲率，它不和测地线构成特定的配置方向。很多已知的准确解不能满足一般能量条件。人们可以预料，在适当的意义上的“一般的”解满足这个条件。如果一般能量条件成立，每根测地线将会遭遇到引力聚焦的一个区域。这就意味着如果测地线能在每个方向都延伸得足够远，则存在一对共轭点。

一般能量条件

1.强能量条件成立。

2.每根类时或零性测地线包含有一点，在那儿

$$l_{[a}R_{b]cd[e}l_{f]}\, l^{c}l^{d} \neq 0$$

人们通常会把时空奇性当作曲率变成无限大的一个区域。然而，把它当作定义的麻烦在于，人们可以除去奇点，而且声称所余下的流形是时空整体。所以，把时空定义成度规适当光滑的最大的流形更好。然后人们可以由存在不能被延伸到仿射参量无限值的非完整测地线的事实，来认证奇性的发生。

奇性定义

如果一个时空是类时或零性测地不完整而且不能被嵌入到一个更大的时空中，则它是奇性的。

这个定义反映了奇性的最令人讨厌的特点，即存在其历史在有限时间内具有开端或终结的粒子。可以找到在曲率保持有限时发生测地线不完整性的例子。但是一般地讲，沿着非完整测地线曲率会发散。如果人们要求助量子效应去解决在经典广义相对论中的奇性引起的问题，这一点是重要的。

彭罗斯和我在1965到1970年间利用我描述的技巧证明了一系列奇性定理。这些定理有三类条件。首先是诸如弱、强或一般能量条件的能量条件。然后是因果性结构上的某种全局条件，比如讲不应该有任何闭合类时曲线。最后，还有某种条件，那就是在某一区域引力是如此强大，以至于没有任何东西可以逃逸。

奇性定理

1.能量条件。

2.全局结构条件。

3.引力强到足以捕获一个区域。

第三个条件可以不同的方式来表达。一种方法是宇宙的空间截面是闭合的，这样就没有可以逃逸出去的外界区域。另一种方法是存在所谓的闭合捕获面。这是一个闭合的二维面，不论是向内的还是向外的与其垂直的零性测地线都是收敛的（图1.10）。通常情况下，如果你在闵可夫斯基空间有一球形的二维面，向内的零性测地线是收敛的，但是向外的则是发散的。但是在恒星的坍缩中，引力场可能强到使光锥都朝里倾斜。这意味着甚至向外的零性测地线也是收敛的。

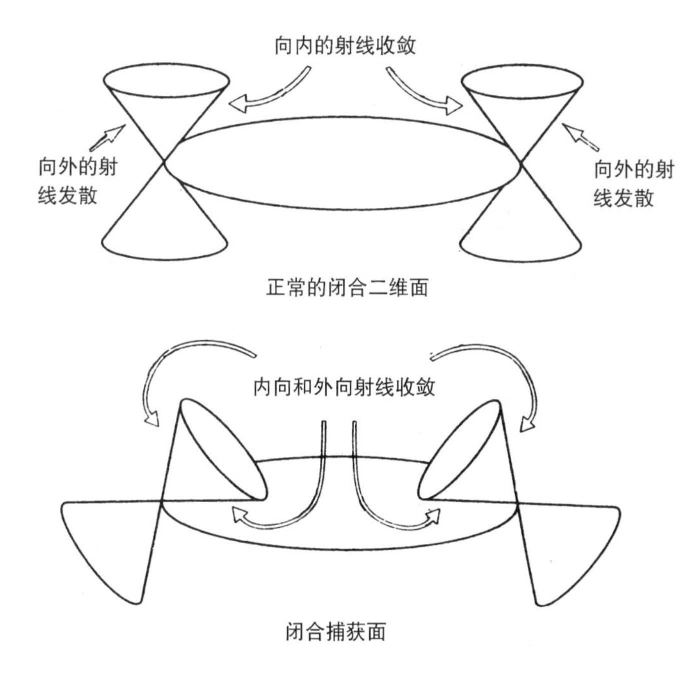

图1.10　在正常闭合面上，从该面出发的向外零性射线发散，而向内射线收敛。在闭合捕获面上，无论是向内还是向外的零性射线都收敛

各种奇性定理指出，如果这三类条件的不同组合成立，时空必须是类空或零性测地线不完整的。如果人们强化其中两个条件就能弱化第三个条件。我将在描述霍金-彭罗斯定理时阐明这一点。它要求一般能量条件，也就是三个能量条件中最强的。其全局条件相当弱，不应该存在闭合的类时曲线。而非逃逸条件是最一般的，即存在一个捕获面或者闭合的类空三维面。

为了简单起见，我只对一个闭合类空三维面S的情形概述其证明。人们可以把未来柯西发展$D^+(S)$ 定义成点p的区域，从p点出发的每一根过去指向的类时曲线都与S相交（图1.11）。柯西发展便是能从S上的数据预言的时空区域。现在假定未来发展是紧致的。这表明柯西发展具有未来边界$H^{+}(S)$，它称作柯西视界。利用类似于用在一个点的未来的边界的论证，可以得知，柯西视界是由没有过去端点的零性测地线生成的。然而，由于假定柯西发展是紧致的，其柯西视界也应是紧致的。这表明，该零性测地线将在一个紧致集中不断环绕。它们将趋近于一根极限的零性测地线λ，λ在柯西视界中不具有过去或者将来的端点（图1.12）。但是如果λ是测地线完整的，则一般能量条件将意味着它会包含一对共轭点p和q。λ上的在p和q以远的点可由类空曲线来连接。但是这会导致矛盾，因为柯西视界上的任何两点都不能是类时分隔的。所以或者λ不能是测地完整的，也就是定理已被证明，或者S的未来柯西发展不能是紧致的。

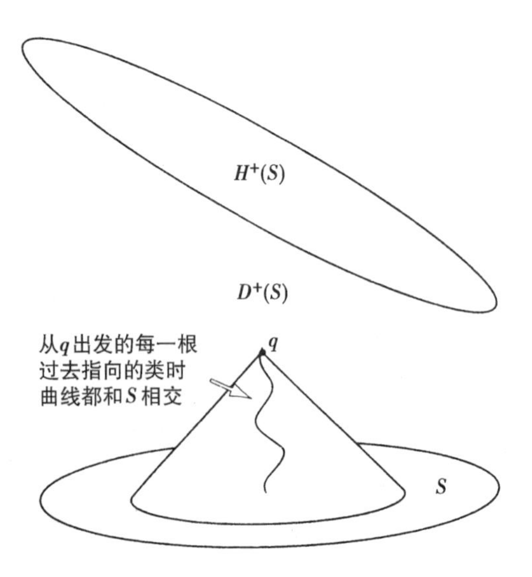

图1.11　集S的未来柯西发展以及它的未来边界，柯西视界$H+$（S）

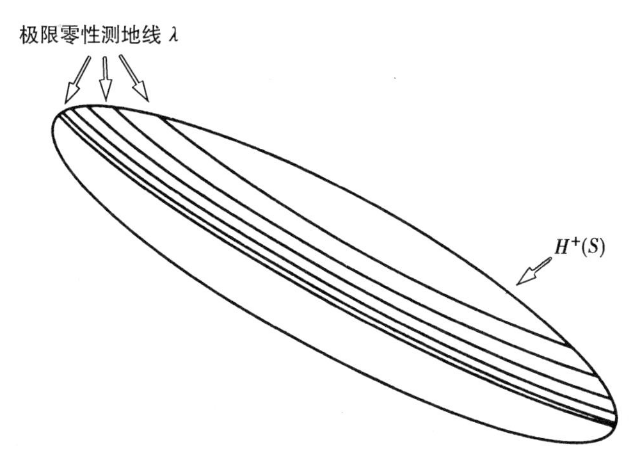

图1.12 在柯西视界上存在一根极限零性测地线λ，它在柯西视界上没有过去或未来端点

可以指出，在后一种情形下，存在一根从S出发的未来指向的类时曲线γ，它永远不会离开S的未来柯西发展。由相当类似的论证可以指出，γ可以向过去的方向延长成永远不会离开过去柯西发展$D^-(S)$的曲线（图1.13）。现在考虑在γ上向过去排列的一串点x_n，以及向将来排列的类似一串点y_n。对于每一个n，点x_n和y_n都是类时相隔而且在S的全局双曲柯西发展之中。因此，存在从x_n到y_n的一根极大长度的类时测地线λ_n。所有λ_n都会穿越紧致的类空面S。这意味着，在柯西发展中存在一根类时测地线λ，λ是类时测地线λ_n的极限（图1.14）。要么λ是非完整的，这种情形下定理即被证明了，要么由于一般能量条件，它包含有共轭点。但是在那种情形，只要n足够大，λ_n就包含有共轭点。这就导致矛盾，因为λ_n被假定为具有极大长度的曲线。所以人们可以得出结论，时空是类时或零性测地线不完整的。换句话说，存在有奇性。

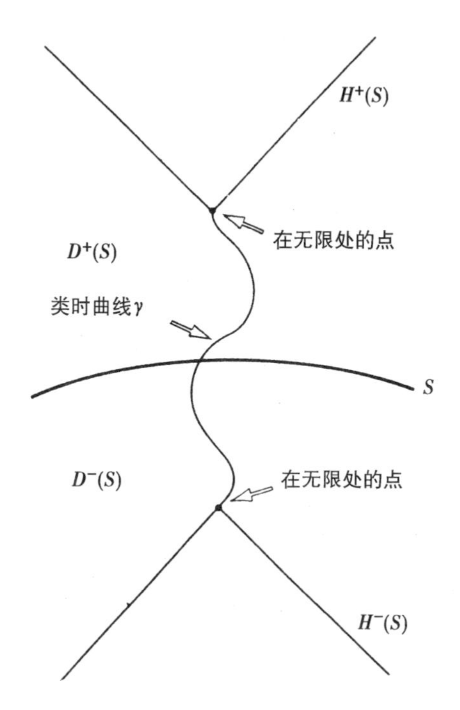

图1.13　如果未来（过去）柯西发展不是紧致的，则存在从S出发的未来（过去）指向的类时曲线，它永远不会离开未来（过去）柯西发展

这些定理在两种情形下预言奇性。第一种是在恒星和其他重质量物体的引力坍缩的未来。这些奇性便是时间的终点，至少对于沿着该不完整测地线上运动的粒子而言是这样的。预言奇性的另一种情形是在过去，在宇宙现在膨胀的开端。过去有些人（主要是俄国人）论断说，过去曾经有过收缩相，它以非奇性的形式反弹到膨胀阶段。在第二种情形所预言的奇性，使这些人放弃了他们的观点。现在几乎人人都相信，宇宙以及时间本身在大爆炸处有一开端。这个发现比发现各种非稳定的粒子重要得多了，但是它还没重要到能赢得诺贝尔奖的青睐。

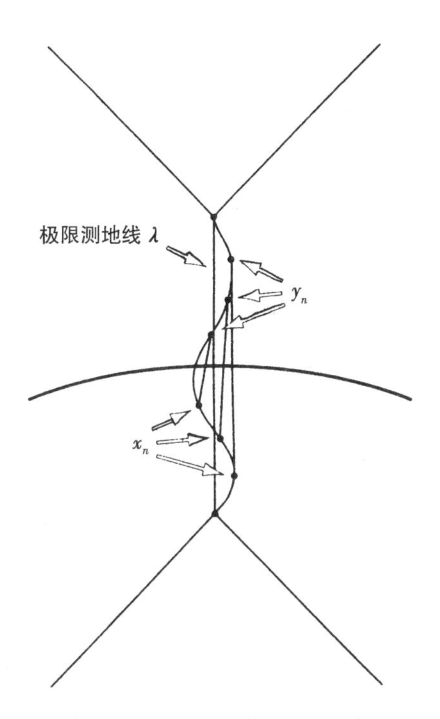

图1.14 作为γ_n极限的测地线λ必须是非完整的，因为否则的话它就包含有共轭点

奇性的预言意味着经典广义相对论不是一个完整的理论。因为奇点必须从时空流形中切割掉，所以人们不能在那儿定义场方程，也不能预料到从一个奇点会冒出什么东西来。鉴于存在过去的这一奇点，对付这一问题的唯一办法似乎是要借助于量子引力。

我将在第三次讲演再回到这上面来（第5章）。但是被预言在未来的奇性似乎具有彭罗斯称之为宇宙监督的性质。那是说，它们很轻易地在一些像在黑洞中躲开外界观察者的地方发生。这样，在这些奇点处可能发生的任何可预见性的失效都不会影响到外界世界所发生的，至少按照经典理论来说是这样的。

宇宙监督

自然憎恶裸奇点。

然而，正如我将在下一次讲演所要指出的，在量子理论中存在不可预见性。这是和引力场具有内禀熵有关，这种熵不是由粗粒化所引起的。引力熵以及时间有一开端，也许还有个终结，是我讲演的两个主题，因为这是引力显著地区别于其他物理场的方式。

引力具有一个和熵行为类似的量的事实是首次在纯粹经典理论中注意到的。它依据于彭罗斯的宇宙监督猜测。这是未被证明的，但是人们相信，对于适度一般的初始数据以及状态方程，它是正确的。我要使用宇宙监督的弱形式。人们把围绕坍缩星的周围区域近似成渐近平坦的。那么，正如彭罗斯指出的，可以把该时空共形地嵌入到一个具有边界 $\bar{M}$ 的流形中去（图1.15）。其边界 ∂M 将为一个零性面，并且包括两个部分，即称作 $\mathcal{I}^+$ 和 $\mathcal{I}^-$ 的未来和过去零性无穷。如果两个条件满足的话，则我就说弱宇宙监督成立。首先，假定 $\mathcal{I}^-$ 的零性测地线生成元是在一定共形的度规中完整的。这就意味着，远离坍缩的观察者能活得足够老，而不被从坍缩星发出的霹雳奇性所摧毁。其次是假设，$\mathcal{I}^+$ 的过去是全局双曲的。这表明没有从大距离能看到的裸奇性。在彭罗斯的更强的宇宙监督中假设整个时空是全局双曲的，但是弱形式对我的目的已经足够。

弱宇宙监督

1. $\mathcal{I}^+$ 和 $\mathcal{I}^-$ 是完整的。

2. $\mathcal{I}^-$（$\mathcal{I}^+$）是全局双曲的。

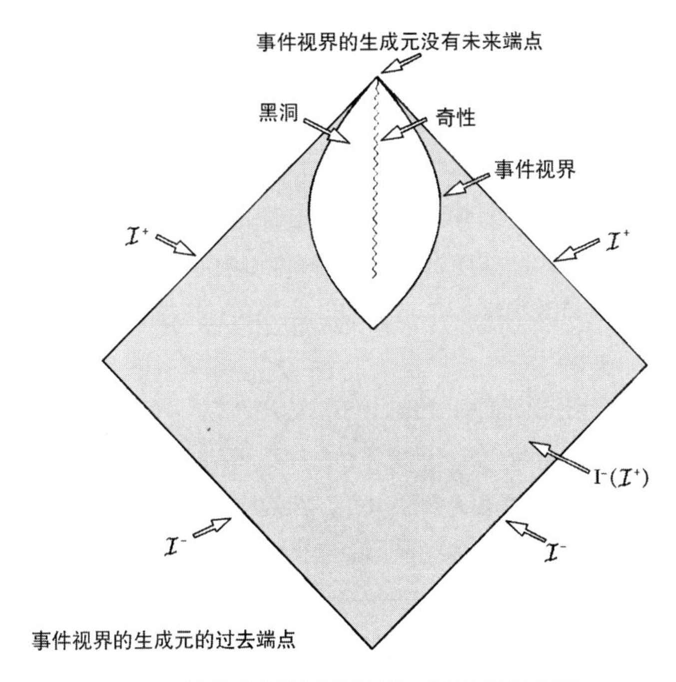

图1.15 坍缩星被共形地嵌入到一个具有边界的流形中

黑洞力学第二定律

$$\delta A \geqslant 0$$

热力学第二定律

$$\delta S \geqslant 0$$

如果弱宇宙监督成立的话，则被预言的在引力坍缩中发生的奇性就从$\mathcal{I}^+$看不到。这就意味着时空中必须有一区域，它不在$\mathcal{I}^+$的过去中。因为光或者任何东西都不能从这个区域逃逸到无穷去，所以它被称为黑洞。黑洞区域的边界被称为事件视界。因为它也是$\mathcal{I}^+$的过去的边界，事件视界由零性测地线段所生成，这线段可有过去端点，但是不能有任何未来端点。这样，如果弱能量条件成立的话，视界的生成元就不能收敛。因为如果它们收敛的话，它们将在有限的距离内相交。

这意味着事件视界的截面积永远不能随时间减小，而且一般地讲会增大。此外，如果两个黑洞碰撞并且合并到一起，最终黑洞的面积会比原先黑洞的面积和更大（图1.16）。这和遵照热力学第二定律的熵的行为非常相似。熵永不减小而且总系统的熵比它组成部分的熵的总和更大。

所谓的黑洞力学第一定律和热力学的相似性愈益明显。该定律把黑洞事件视界面积的改变，其角动量和电荷的改变，与它质量的改变联系起来。人们把这些和热力学第一定律相比较，热力学第一定律按照系统熵的改变和外力对它所做的功给出内能的改变。人们看到，如果事件视界的面积类似于熵，则类似于温度的量便是黑洞的所谓的表面引力k。它是在事件水平上引力场强度的测度。所谓的黑洞力学第零定律，和热力学的相似性更加明显：一个与时间无关的黑洞的事件水平的表面引力处处相等。

在1972年柏肯斯坦受到这些相似性的鼓励，提出事件视界的某个倍数实际上是黑洞的熵。他提议推广的第二定律：黑洞熵和它外面

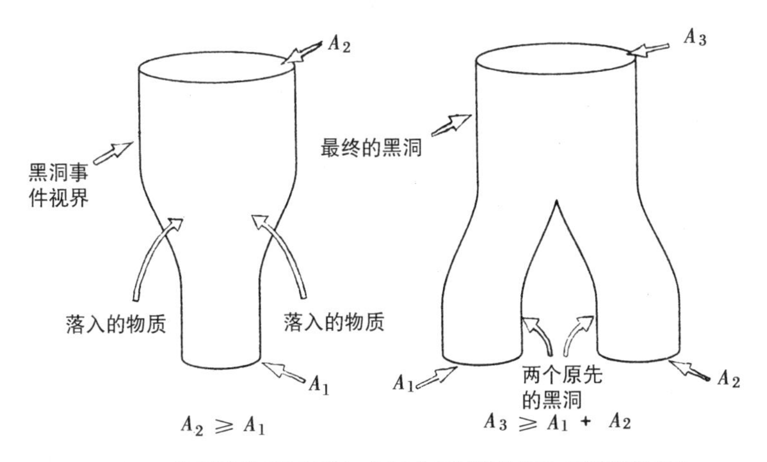

图1.16 当我们把物质抛入黑洞，或者允许两个黑洞合并时，事件视界的总面积永不减小

黑洞力学第一定律

$$\delta E = \frac{k}{8\pi}\delta A + \Omega\delta J + \phi\delta Q$$

热力学第二定律

$$\delta E = T\delta S + P\delta V$$

黑洞力学第零定律

一个与时间无关的黑洞的视界上的k处处相等。

热力学第零定律

一个处于热平衡的系统的T处处相等。

的物质熵的和永远不减小。

然而，这个建议不是协调的。如果黑洞具有与视界面积成正比的熵，则也应有与表面引力成正比的非零温度。考虑一个黑洞，让它和

推广的第二定律

$$\delta(S+cA)\geqslant 0$$

具有比黑洞更低温的热辐射相接触（图1.17）。因为根据经典理论任何东西都不能逃出黑洞，所以黑洞将吸收一些辐射而不能发射出任何东西。这样，人们就发现热量从低温的热辐射向高温的黑洞流动。因为热辐射的熵损失比黑洞的熵增加更大，所以就违反了推广的第二定律。然而，正如我们将在我下次讲演中看到的，当人们发现黑洞发射出完全热性的辐射时，协调性就被恢复了。这个结果实在太漂亮了，它不可能是一种偶合，或者仅仅是一种近似。这样看来，黑洞的的确确具有内禀引力熵。正如我即将指出的，这与黑洞的非平凡拓扑相关。内禀熵意味着引力引进了一种更高水平的不可预见性，它超越于通常和量子理论相关的不确定性之上。这样当爱因斯坦讲“上帝不掷骰子”时，他错了。对黑洞的思索向人们提示，上帝不仅掷骰子，而且有时还把骰子掷到人们看不到的地方去，使人们迷惑不已（图1.18）。

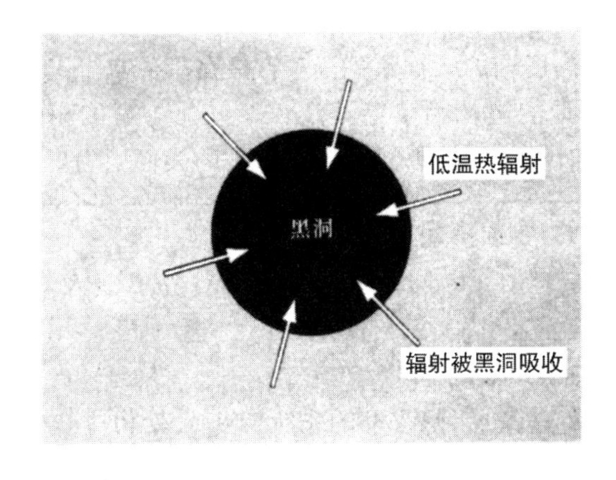

图1.17 黑洞在和热辐射接触时会吸收一些辐射，但是在经典水平上不能发射出任何东西

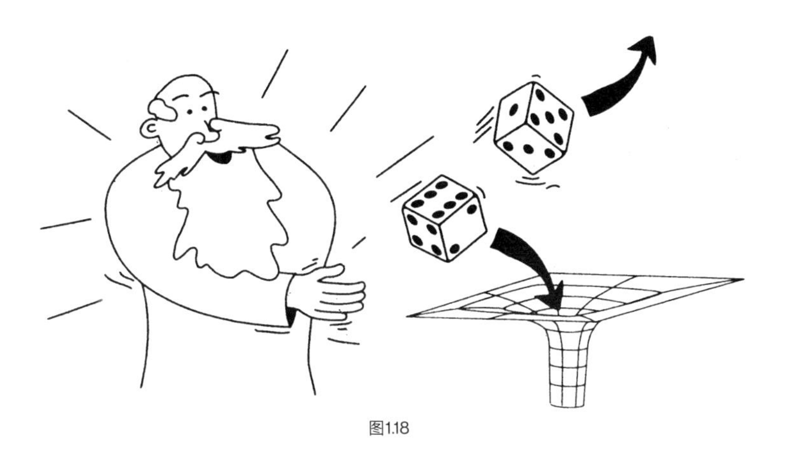

图1.18

第 2 章 时空奇性结构

罗杰 · 彭罗斯

史蒂芬 · 霍金在第一次讲演中讨论了奇性定理。这些定理的主要内容是，在合理的（全局的）物理条件下，可以预料到奇性的出现。它们并没有告知我们有关奇性的任何性质以及在何处出现。另一方面，这些定理是非常一般的，所以，人们自然会问，时空奇性的几何性质如何。通常假定，奇性的特征是曲率发散。然而，这并不是奇性定理本身所准确地告知我们的。

奇性发生于大爆炸、黑洞和大挤压（它可被认为是许多黑洞的合并）。它们也可能以裸奇性出现。与此相关的是所谓的宇宙监督，也就是假定这些裸奇性不会发生。

为了解释宇宙监督的思想，让我们回顾一下这个学科的历史。爱因斯坦方程用以描述一个黑洞的解的第一个显明例子是奥本海默和斯尼德（1939）的坍缩尘埃云。在里面有一奇性，但是由于它被事件视界所包围，所以从外界看不见它。这个视界就是一个在它内部的事件不能把信号发送到无限远的表面。人们忍不住相信，这个图像是一般的，也就是说，它代表了一般的引力坍缩。然而，奥－斯模型具有特殊的对称（也就是球对称），它是否真有代表性尚未清楚。

由于爱因斯坦方程一般来说很难解，人们就转向寻求全局性质，这种性质隐含着奇性的存在。例如，奥－斯模型具有一个捕获面，它是一个表面，其面积沿着起初和它正交的光线减小（图2.1）。

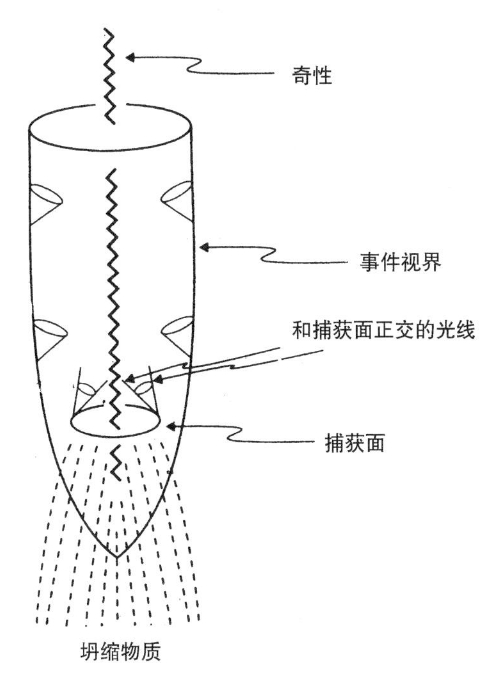

图2.1　奥本海默-斯尼德坍缩尘埃云，可用以解释捕获面

人们也许会试图指出，捕获面的存在意味着存在奇性（这是我基于合理的因果性假设，但是在不假定球对称下能够建立的第一道奇性定理，见彭罗斯，1965）。在假定存在一个收敛光锥时也能导出类似的结果（霍金和彭罗斯，1970；当从一点向不同方向发射出的所有光线在后来某一时刻开始相互收敛时这就发生）。

紧接着史蒂芬·霍金(1965)观察到，在宇宙学的尺度上，可以把我原先的论证颠倒一下，也就是把它应用到时间反演的情形。那么一个反演的捕获面意味着过去曾存在奇性(在适当的因果性假设下)。此处，(时间反演)的捕获面非常大，具有宇宙学的尺度。

我们在这儿主要关心一个黑洞情形的分析。我们知道在某处必有奇性，但是为了得到黑洞，则必须指出它由一个事件视界所环绕。宇宙监督猜测所断言的正是如此，从根本上说，便是不能从外面看到奇性本身。特别是，它表明存在某一区域，不能从那儿把信号发射到外面的无限远。这个区域的边界便是事件视界。我们还能利用史蒂芬上次讲演中的一个定理到这个边界上，由于事件视界是未来零性无穷的过去的边界，这样，我们知道这个边界：

- 在它光滑之处必须是零性表面，由零性测地线所生成。
- 包含有从它不光滑处的每一点出发的没有未来端点的零性测地线。
- 其空间截面积永远不会随时间减小。

实际上，人们还证明了(伊斯雷尔 1967，卡特 1971，罗宾逊 1975，霍金 1972)，这种时空的未来渐近极限是克尔时空。因为克尔度规是爱因斯坦真空场方程的非常美妙的准确解，所以这是一项非常令人注目的结果。这个论证还和黑洞熵的问题相关，我将在下次讲演(第4章)回到这上面来。

相应的，我们的确有了和奥-斯模型在定性上相似的某种东西。是做了一些修正，也就是说我们终结于克尔解而不是史瓦西解，但是这些修正是相对次要的。其主要的图像是相当类似的。

然而，其精确的论证是基于宇宙监督假设之上。事实上，宇宙监督是非常重要的，这是因为整个理论都要依赖于它，否则的话我们会遇到可怕的东西，而不是一个黑洞。这样，我们竭力要寻根究底的是，它是否正确。我很久以前曾一度以为，这个假设也许是错误的，因此我千方百计地设法去寻找反例。（史蒂芬·霍金有一次宣布，宇宙监督假设的一个最强的证实是这样的事实，即我努力但是无法证明它是错误的——但是我认为这是一个非常微弱的论证！）

我想在有关时空的理想点某种观念的框架里讨论宇宙监督［这些概念是由塞佛特（1971）、格罗许、克罗海默和彭罗斯（1972）引进的］。其基本思想是人们要把实际的"奇异点"以及"无穷远处的点"，也就是理想点合并到时空中去。让我先介绍IP也就是不可分解的过去集的概念。这儿的"过去集"是包括自身过去的一个集合，而"不可分解"表明它不能被分离成两个互不包含的过去集合。有一道定理告知我们，人们还可以把任何IP当作某一类时曲线的过去（图2.2）。

IP有两个范畴，也就是PIP和TIP。一个PIP是一个正规的IP，也就是一个时空点的过去。一个TIP是一个终端的IP而不是时空中的一个实际点的过去。TIP定义未来理想点。此外，人们可以根据这个理想点是否"在无穷"（在这种情形下有一具有无限本征长度的生成该IP的类时曲线），或者是否为奇性（在这种情形下生成它的每根类时线都有有限的本征长度）来加以区分，前者称为∞—TIP，后者称为奇性TIP。很明显，所有这些概念都可以类似地适合于未来集而不仅是过去集。在这种情形下，我们就有了划分为PIF和TIF的IF（不可分解的未来）。TIF又可再分为∞—TIF和奇性TIF两种。让我再重申一下，为了使这一切行得通，我们必须假定，实际上不存在闭合类时曲线——其实是最起码的微弱条件：没有两点有相同的未来或相同的过去。

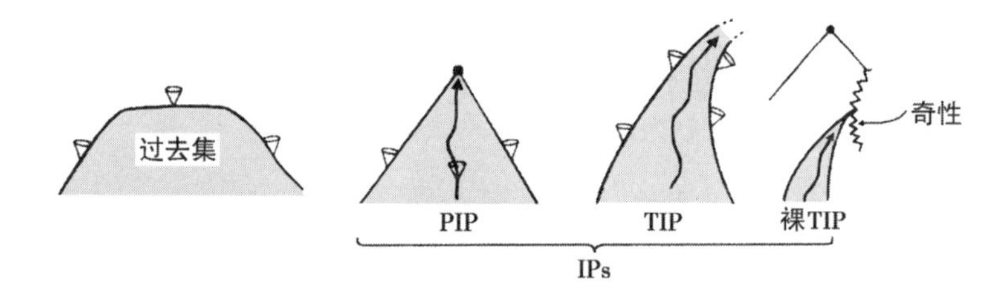

图2.2 过去集，PIP以及TIP

我们在这个框架中如何描述裸奇性和宇宙监督假设呢？首先，宇宙监督假设不应该排除大爆炸（否则的话，宇宙学家就陷入大麻烦之中）。事物总是从大爆炸跑出来而从来不会落进去。这样，我们也许想把裸奇性定义成一根类时曲线既能进又能出的某种东西。那么大爆炸问题就自动被照应到。它不能算成是裸性的。在这个框架里我们把一个裸的TIP定义为包含在一个PIP中的TIP。这本质是一个局部的定义，也就是说，我们不需要观察者跑到无穷去。后来发现（彭罗斯，1979），如果我们在定义（排除裸的TIF）中用“未来”来取代“过去”，则得到在时空中排除裸的TIP的相同条件。这种裸的TIP（或等同的，TIF）在一般的时空中不发生的假设被称为强宇宙监督假设。它的直观意义是，一个奇性点（或无穷点），在这儿是TIP不能随意地在时空的中间“出现”，使得它可在某一有限的点，在这儿是PIP的顶点上被

“看到”。由于我们在给定的时空中也许不知道是否真的在无穷，所以观察者不需要在无穷是有意义的。此外，如果强宇宙监督假设被违反了，我们可以在有限的时间，观察到一个粒子真的落入到一个奇点去，在奇点处物理定律不再有效（或者到达无穷，这也一样糟糕）。我们可以用相同语言来表达弱宇宙监督假设：我们只需要用∞—TIP来取代PIP即可。

强宇宙监督假设意味着，一个一般的时空只要具有服从合理的态方程（例如真空）的物质，就能被延拓到不具有裸奇性（裸的奇性的TIP）的时空。后来发现（彭罗斯，1979）排除TIP等价于全局双曲性，或者说时空为某一柯西面的整个依赖区域（格罗许，1970）。我们注意到，强宇宙监督的表述是明显地时间对称的：如果我们交换IP和IF的话就可以交换未来和过去。

一般来说，我们需要附加的条件去排除霹雳。我们用霹雳来表示一种奇性，它到达零性无穷，在这过程中摧毁时空（参阅彭罗斯，1978，图7）。这也不必违反所述的宇宙监督。还存在更强有力的宇宙监督版本，可以对付这种情形（彭罗斯，1978，条件CC4）。

现在让我们回到宇宙监督是否正确的问题上来。我首先要提到，它可能在量子引力中不成立。尤其是，爆发的黑洞会在这样的一种情景中终结，那时宇宙监督似乎不正确（关于这点史蒂芬·霍金以后会做解释）。

在经典广义相对论中，在两个方向都有不同的结果。我有次试图为证伪宇宙监督，推导出某些如果宇宙监督正确的话必须成立的不等式（彭罗斯，1973）。事实上，后来证明它们是正确的（吉朋斯，1972）—— 而这些似乎支持类似宇宙监督的某种东西应该成立的思想，在相反的方面，存在一些特例（然而，它们违反了一般的条件），以及某些简略的遭受到各种反驳的数字证据。此外，还有一些我刚刚得知的情形指出，如果宇宙常数是正的，则前面提到的不等式中的一些就不成立。事实上，这是盖瑞 · 霍罗维茨昨天告诉我的。尤其是，也许在奇性的性质和无穷的性质中存在错综的关系。如果宇宙常数是正的，则无限是类空的，如果是零则为零性的。相应地，如果宇宙常数是正的，奇性有时会是类时的（这意味着裸的，也就是违反了宇宙监督），但是如果宇宙常数为零，也许奇性不能是类时的（也就是满足宇宙监督）。

为了讨论奇性的类时或类空性质，让我解释在IP之间的因果性关系。在推广点之间的因果性时，如果A⊂B，我们就能说一个IP A在因果性方面先于IP B；如果存在一个PIP P使得A⊂P⊂B，则我们说A在时序上先于B。如果A和B中没有一者在因果性上先于另一者，我们说A和B是类空相隔的（图2.3）。

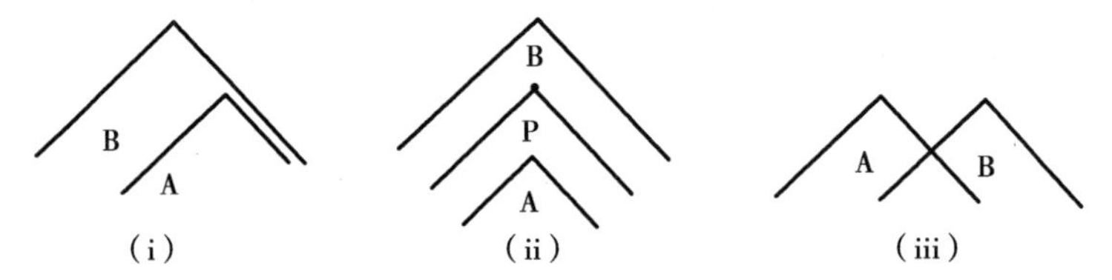

图2.3 IP之间的因果性关系：（i）A因果性地先于B;（ii）A在时序上先于B；（iii）A和B是类空相隔

强宇宙监督可因之表达成，一般奇性永远不能是类时的。类空

(或零性)奇性可有过去或未来的类型。因此,如果强宇宙监督成立的话,则奇性可分为两族:

(P)由TIF定义的过去类型;

(F)由TIP定义的未来类型。

裸奇性能把这两种可能性统一成一种,这是由于一个裸奇性同时是TIP和TIF。因此,这两族相互排斥正是宇宙监督的推论。族(F)的典型例子是黑洞中以及大挤压(如果它存在的话)中的奇性,而大爆炸以及可能的白洞(如果它们存在的话)则是族(P)的例子。我实际上不相信大挤压会发生(由于观念的原因我将在最后一次讲演时谈到此点),而白洞则更不可能了,因为它们违反热力学第二定律。

两种类型的奇性也许满足完全不同的定律。可能量子引力对于它们的定律的确应是完全不同的。

我想在这一点上,史蒂芬·霍金和我持不同意见[霍金:正是!],但是我把以下理由作为这个设想的证据:

(1)热力学第二定律。

(2)早期宇宙的观测(例如宇宙背景探索者),表明它过去是非常均匀的。

(3)黑洞的存在(实际上被观测到)。

从(1)和(2)可以论断道,大爆炸奇点是极端均匀的,而且从(1)可得出可以避免白洞的结论(由于白洞严重地违背了热力学第二定律)。这样,黑洞奇性必须服从非常不同的定律(3)。为了更精确地描述这种差别，回想一下时空曲率是由黎曼张量R_{abcd}所描写，它是外尔张量（描写潮汐变形，在第一阶的精度下保持体积不变）和等效于里奇张量R_{ab}（乘上度规g_{cd}，适当地把指标混合一下）的那部分之和，后者描述体积减小的变形（图2.4）。

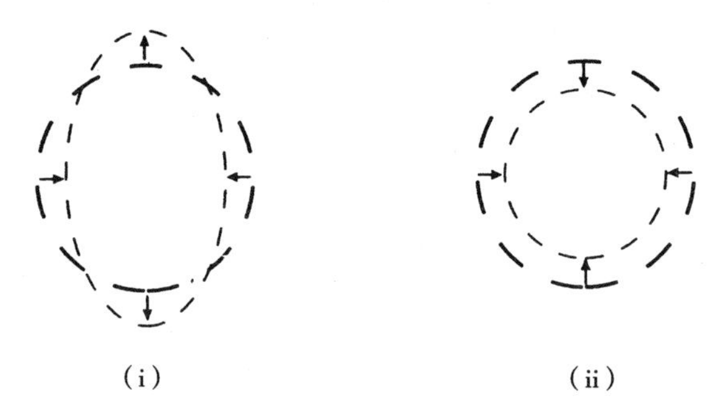

图2.4 时空曲率的加速效应：(i) 外尔曲率的潮汐形变；(ii) 里奇曲率的体积减小效应

标准宇宙模型（归功于弗利德曼、拉马特、罗伯逊和瓦尔克；例如可参阅林德勒，1977）中的大爆炸具有零外尔张量（还有一个逆命题，这是由纽曼证明的，是说一个宇宙如果具有共形规则的也就是外尔张量为零的初始奇性，而且合适的态方程成立，则必须是弗利德曼宇宙；参阅纽曼，1993）。另一方面，黑/白洞奇性（在一般情形下）都具有发散的外尔张量。这就暗示了如下的：

外尔曲率假设

- 初始类型（P）奇性的外尔张量必须为零。
- 终结类型（F）奇性不受这个限制。

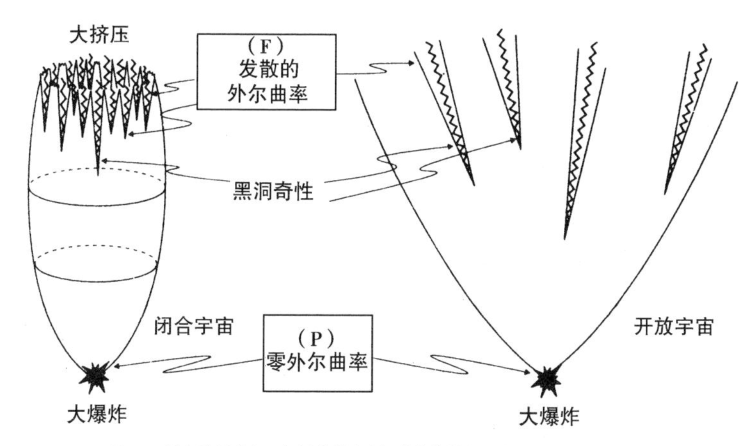

图2.5　外尔张量假设：初始奇性（大爆炸）的外尔曲率必须为零，而终结奇性的外尔曲率会发散

这和人们所看到的十分一致。如果宇宙是闭合的，则终结奇性（大挤压）将具有发散的外尔张量，在一个开放宇宙中所产生的黑洞也具有发散的外尔张量（见图2.5）。

以下事实是对这个假设的进一步支持，早期宇宙相当光滑以及没有白洞的限制使早期宇宙的相空间至少减小了$10^{10^{123}}$倍。（这个数字是按照柏肯斯坦-霍金黑洞熵公式对于10^{80}重子的黑洞推导出来的允许的相空间体积——柏肯斯坦1972，霍金1975——并且宇宙至少有这许多物质。）

这样，就必须有一条定律。它强迫这一个极不可能的结果发生！外尔曲率假设就提供这种定律。

问答

问：你认为量子引力能排除奇性吗？

答：我不太相信。如果事情是这样的话，则大爆炸就是之前的坍缩相的结果。我们就要问，以前的相何以具有如此低的熵。这个图像会牺牲了我们解释第二定律的最好机会。况且，坍缩和膨胀宇宙的奇性必须用某种方式连接到一起，但是它们似乎具有非常不同的几何。一个真正的量子引力论应该取代掉奇性处的时空的目前概念。它必须以一种明晰的方法来谈论我们在经典理论中称作奇性的东西。它根本不应为一个非奇性的时空，而必须是极为不同的某种东西。

第 3 章 量子黑洞

史蒂芬 · 霍金

我准备在我第二次讲演中谈论黑洞的量子理论。它似乎在物理学中导致一种在新的水平上的不可预见性，这种不可预见性超越于和量子力学相关的通常的不确定性之上。这是因为发现黑洞具有内禀的熵，而且引起信息从我们的宇宙区域消失。我应该说，这些断言是富有争议的：许多量子引力的研究者，几乎包括所有从粒子物理转行的人，都本能地拒绝这种思想，即有关一个系统量子态的信息会丧失掉。然而，他们在显示信息何以能从黑洞取出方面徒劳无功。我最终相信，他们将被迫接受我的建议，信息是丧失掉了，正如他们过去被迫同意黑洞辐射一样，这和他们的先验观念互相抵触。

我必须首先提醒你们有关黑洞的经典理论。我们从上次讲演得知，至少在正常的情形下引力总是吸引的。如果引力像电动力学那样，时而吸引时而排斥，我们就永远不会觉察到它，因为它大约比电磁力微弱10^{40}倍。正是由于引力总是同号，才使得像我们和地球这样的两个宏观物体中的粒子之间的引力叠加起来，得到我们能感觉得到的力量。

引力是吸引的这个事实意味着，它要把宇宙中的物质赶到一起形成例如恒星和星系这样的物体。在一段时间内，恒星可由热压力，星系可由旋转以及内部运动来支撑自己，避免进一步收缩。然而，热和角动量最终会被抽走，物体就开始收缩。如果质量比太阳的一倍半左右还小，电子或者中子的简并压力就能阻止它收缩。该物体就会分别以白矮星或者中子星作为归宿。然而，如果质量比这个极限还大，则没有任何办法可以支撑它并阻止它继续收缩。一旦它缩小到某一临界的尺度，它表面上的引力场会变得这么强，甚至连光锥都向里弯折，正如图3.1所示的。我是想过为你画一张四维图。然而，政府经费的缩减使剑桥大学只能提供得起两维的屏幕。因此，我把时间标在垂直方向，并且利用透视法把三维空间中的两维标出来。你可以看到，甚至连外向的光线也被相互向内地弯折了，它变成收敛的而不是发散的了。这表明存在一个闭合的捕获面，这正是霍金-彭罗斯定理的第三个条件中的一种情形。

如要宇宙监督猜想是正确的，则捕获面和它所预言的奇性不能在远处被看到。这样，在时空中就有这样的一个区域，不可能从那儿逃逸到无穷远去。正如我们在上次讲演中得知的，事件视界的截面积永远不会减小，至少在经典理论中情形应是如此。这些以及球形坍缩的微扰计算暗示，黑洞将会以一种稳恒态为归宿。由伊斯雷尔、卡特、罗宾逊以及我自己共同努力所证明的无毛定理指出，在没有物质场时克尔解是仅有的稳恒黑洞。它们由两个参数所表征，即质量M和角动量J。罗宾逊把无毛定理推广到电磁场存在的情形。这就加上了第三个参数Q，也就是电荷。对于杨-米尔斯场，无毛定理还未被证明，但是仅有的区别似乎是要加上作为不稳定解的分立族指标的一个或多个整数。可以证明与时间无关的爱因斯坦-杨-米尔斯黑洞不会再有更多的连续自由度。

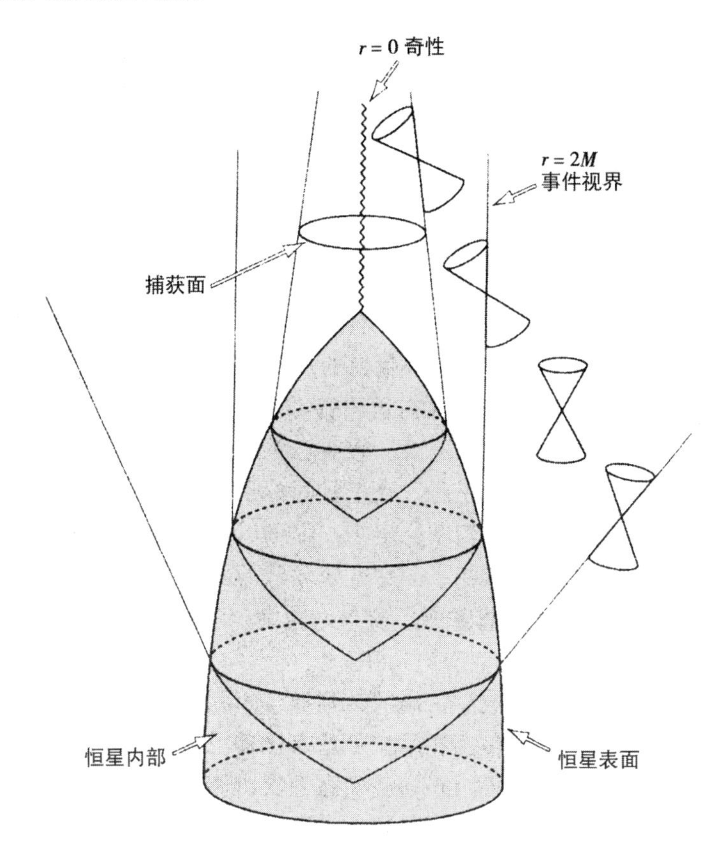

图3.1　一个恒星坍缩形成黑洞的时空图，图上标出事件视界和闭合捕获面

无毛定理指出，当一个物体坍缩形成黑洞时，大量信息丧失了。坍缩物体要用大量参数才能描述。其中有物质的类型以及物体分布的多极矩。可是形成的黑洞和物质类型完全无关，而且除了最先的两个极矩外，其他的所有多极矩迅速丧失。这两个极矩便是：质量和二极矩，也就是角动量。

无毛定理： 稳态黑洞是用质量M，角动量J，以及电荷Q来表征。

信息丧失在经典理论中没有什么关系。人们可以说，有关坍缩物体的全部信息仍然藏在黑洞之中。一位外在于黑洞的观察者去确定以前的坍缩物体是什么将是非常困难的。然而，这在经典理论中在原则上仍然是可能的。观察者实际上将永远看得见坍缩物体。它会显得越来越迟缓，在它接近事件视界时变得非常黯淡。但是观察者仍然能看到它是什么组成的以及物质如何分布。然而，量子理论把这一切都改变了。首先，坍缩物体在它穿越事件视界之前只发射出有限数目的光子。要把关于坍缩物体的信息都携带上，这是十分不够的。这意味着，在量子理论中，外界观察者根本无法测量坍缩物体的状态。人们也许会认为这无关紧要，因为尽管从外面测量不到信息，它仍然被保存在黑洞之中。但是正在此处量子理论对黑洞的第二个效应出现了。正如我要指出的，量子理论使黑洞辐射并且丧失质量。看来它们最终会完全消失，和它一道消失的还有在它们当中的信息。我将要论断，这个信息的确是丧失掉了，而且不能以某种方式得到恢复。正像我要指出的，这种信息丧失给物理学引进了新水平的不确定性，这种不确定性是超越于和量子理论相关的通常的不确定性之上。可惜的是，和海森伯不确定性原理不同，这种额外水平的不确定性在黑洞情形下很难被实验所证实。但是正如我将在第三次讲演（第5章）中论断的，在某种意义上，我们已经在测量微波背景起伏中观察到这种效应。

在由坍缩形成的黑洞的背景上做量子场论研究时，首次发现了量子论引起黑洞辐射的事实。利用通常称作彭罗斯图的工具有助于看清这是如何发生的。然而，我以为彭罗斯本人会同意，它们更应该称作卡特图，因为卡特首先系统地使用它们。在球形坍缩中，时空和角度θ和 ϕ 无关。所有的几何都在$t-r$平面上发生。因为任何二维面都和平空间相共形，所以人们可以用一张图来代表因果性结构，在图中$r-t$平面中的零性线是和垂直方向成$\pm 45^\circ$的角度。

我们从平坦的闵可夫斯基空间开始，其卡特–彭罗斯图是一个立在一个顶点上的三角形（图3.2）。处于右边的两条斜边对应于我在第一次讲演中提到的过去和未来零性无穷。它们真正是处于无穷远处，但是当接近过去或者未来无穷时所有距离都由共形因子所缩小。这个三角形中的每一点都对应于半径为r的二维球。左边的垂直线$r=0$代表对称中心，而在图的右边$r\to\infty$。

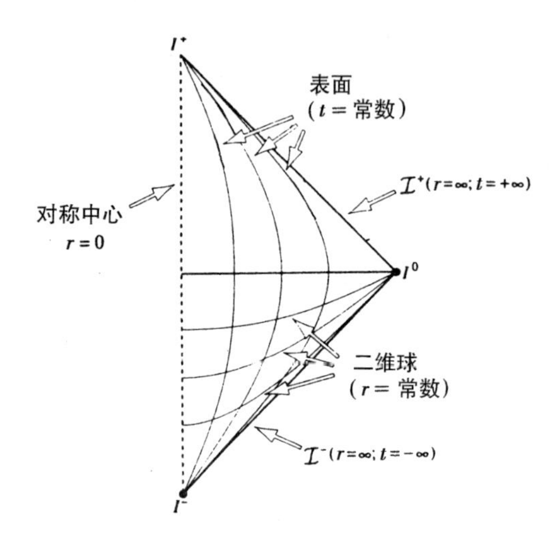

图3.2　闵可夫斯基空间的卡特–彭罗斯图

人们从图上可以很容易看到，闵可夫斯基空间中的每一点都是在未来零性无穷$\mathcal{I}^+$的过去中。这表明不存在黑洞和事件视界。然而发生球对称物体坍缩的话，图就相当不一样了（图3.3）。它在过去看起来是相同的，但是现在三角形的顶被切去了，而且用一个水平的边界来取代。这便是霍金–彭罗斯定理所预言的奇性。现在人们可以看到，在这根水平线之下有些点不是处于未来零性无穷$\mathcal{I}^+$的过去。换句话说，存在有黑洞。其事件视界，也就是黑洞边界是从右上角下来的斜线，并和对应于对称中心的垂直线相交。

人们可以在此背景中考虑一个标量场。如果时空是与时间无关的，则在$\mathcal{I}^-$只包含正频率的波动方程的解，在$\mathcal{I}^+$也具有正频率。这就表明没有粒子产生，而且如果原先没有标量粒子的话，则在$\mathcal{I}^+$处不会有向外飞行的粒子。

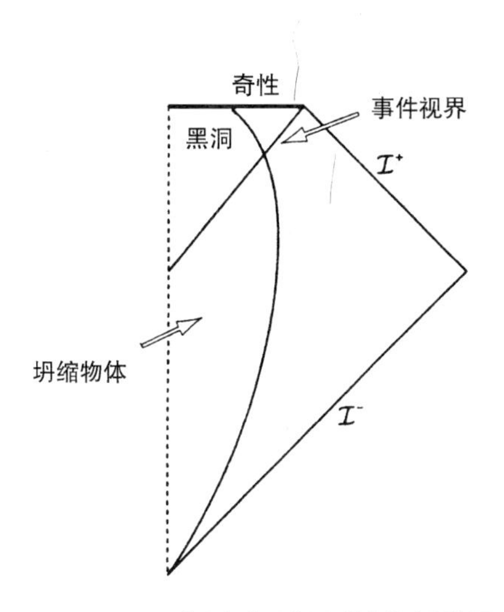

图3.3 一颗恒星坍缩形成黑洞的卡特–彭罗斯图

然而，在坍缩之际度规与时间相关。这就导致在$\mathcal{I}^-$处是正频率的一个解到达$\mathcal{I}^+$时部分地变成负频率的。人们可以首先取一个在$\mathcal{I}^+$处具有时间依赖 $e^{-i\omega\mu}$ 的波，让它往回传播到$\mathcal{I}^-$，用这种办法来计算这种混合。当人们这么做时，他们会发现通过接近视界的部分波被大大地蓝移了。令人印象深刻的是，人们发现，在晚期的极限，其混合与坍缩的细节无关。它只依赖于表面引力k，这是黑洞视界上引力场强度的测度。正、负频率的混合导致粒子产生。

当我于1973年首次研究这个效应时，我预料到会发现在坍缩时的一次辐射暴，但是之后粒子不再产生，最后余下的是一个真正黑的黑洞。使我大为惊讶的是，我发现在坍缩时的一次辐射暴后仍然维持着粒子产生和发射的稳恒的速率。此外，这种辐射具有温度 $\frac{k}{2\pi}$ ，是准确的热性的。这正是使黑洞具有和它事件视界面积成比例的熵的观念协调所亟需的东西。它还把该比例常数确定为在普朗克单位下的四分之一，在普朗克单位中 $G=c=\hbar=1$ 。普朗克单位的面积是10^{-66}平方厘米，这样具有太阳质量的黑洞具有数量级为10^{78}的熵。这反映了可能制造该黑洞的极其巨大数目的不同方式。

黑洞热辐射

$$\text{温度}\quad T=\frac{k}{2\pi}$$

$$\text{熵}\quad S=\frac{1}{4}A$$

当我首次发现黑洞辐射时，从相当繁乱的计算中导出了完全热性的辐射，这似乎是一桩奇迹。然而，和詹姆·哈特尔以及盖瑞·吉朋斯的合作揭露了深层的原因。为了解释这一点，我要从史瓦西度规出发。

史瓦西度规

$$\mathrm{d}s^2=-\left(1-\frac{2M}{r}\right)\mathrm{d}t^2+\left(1-\frac{2M}{r}\right)^{-1}\mathrm{d}r^2$$

$$+r^2\left(\theta^2+\sin^2\theta\mathrm{d}\phi^2\right)$$

这代表了非旋转的黑洞归宿的引力场。在通常的r和t坐标系中，于史瓦西半径 $r=2M$ 处有一表观奇性。然而，这只不过是因为坐标选取不好而引起的。人们可以选取其他的坐标使那儿的度规正常。

其卡特-彭罗斯图具有两头被切平的金刚石形状（图3.4）。它被在 $r=2M$ 的两个零性面分割成四个区域。右边的在图中被标为①

的区域是渐近平坦的空间，我们就假定生活在此。正如平坦时空的情形，它具有过去和未来零性无穷$\mathcal{I}^-$和$\mathcal{I}^+$。左边还存在另一个渐近平坦区域③，它只能通过一个虫洞和我们的宇宙相连接。然而，正如我们将会看到的，它是通过虚时间和我们的区域相连接。从左下端到右上端的零性面正是我们从那儿能逃逸到在右边的无穷的区域的边界。这样，它是未来事件视界，修饰词未来是用来和从右下端到左上端的过去事件视界相区别。

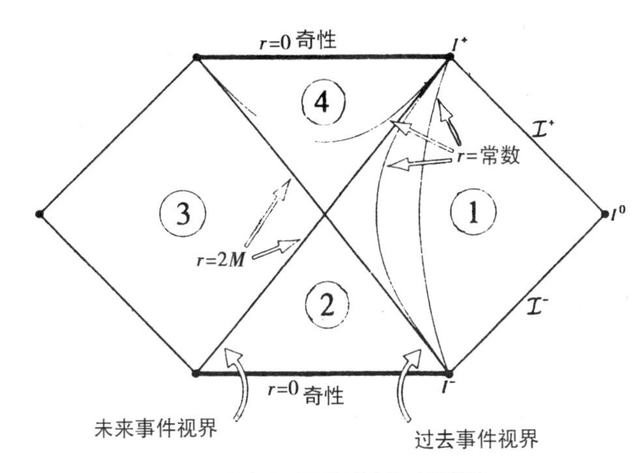

图3.4 永久史瓦西黑洞的卡特－彭罗斯图

让我们回到在原始的r和t坐标中的史瓦西度规上来。如果我们取$t=i\tau$则得到正度规，我把这种正定度规称作欧氏的，尽管它也许是弯曲的。在欧氏史瓦西度规中在 $r=2M$ 处又有一个表观奇性。然而，人们可以定义一个新的径向坐标 $x=4M(1-2Mr^{-1})^{\frac{1}{2}}$ 。

欧氏史瓦西度规

$$\mathrm{d}s^2 = x^2\left(\frac{\mathrm{d}\tau}{4M}\right)^2 + \left(\frac{r^2}{4M^2}\right)^2 \mathrm{d}x^2 + r^2\left(\mathrm{d}\theta^2 + \sin^2\theta \mathrm{d}\phi^2\right)$$

如果人们把坐标τ以周期$8\pi M$来相等同，则$x-\tau$平面上的度规就和极坐标的原点相似。类似地，其他欧氏黑洞度规在它们的视界也有表观奇性，只要在虚时间坐标中以周期$\frac{k}{2\pi}$来相等同，就能摆脱这种表观奇性（图3.5）。

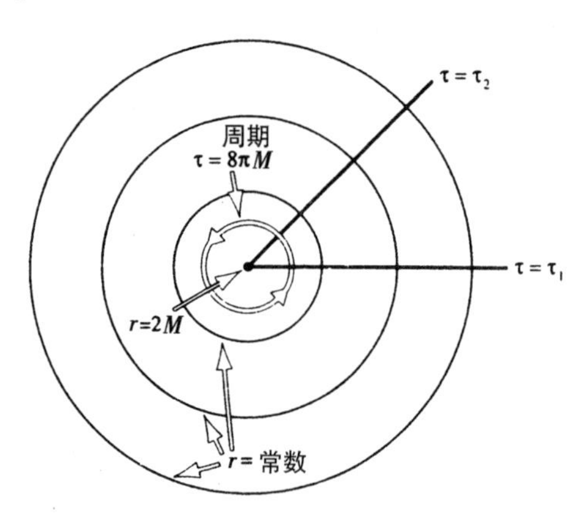

图3.5　欧氏史瓦西解，这里τ被周期性地等同

虚时间以某种周期β相等同的意义是什么呢？为了看到这一点，考虑从面t_1上的场配置ϕ_1到面t_2上的场配置ϕ_2的幅度。它可由$e^{-iH(t_2-t_1)}$的矩阵元得出。然而，人们还可以用一个路径积分来代表这个幅度，这个积分是对在t_1和t_2之间的所有场ϕ的求和得出，而在两个端面上要求ϕ和场ϕ_1以及ϕ_2相一致（图3.6）。

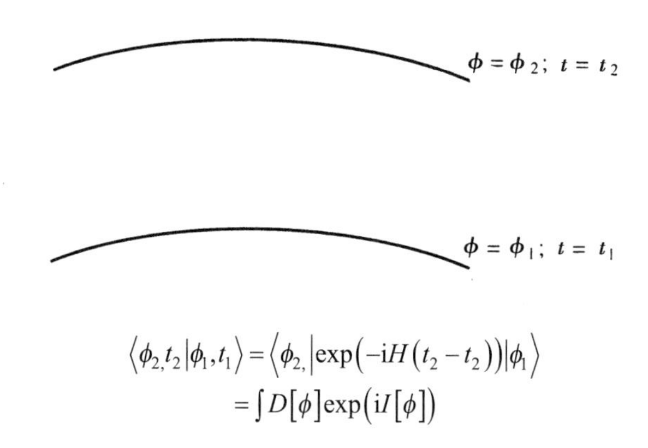

$$\langle\phi_2,t_2|\phi_1,t_1\rangle=\langle\phi_{2,}|\exp\left(-\mathrm{i}H\left(t_2-t_2\right)\right)|\phi_1\rangle$$
$$=\int D[\phi]\exp\left(\mathrm{i}I[\phi]\right)$$

图3.6　从在t_1时态ϕ_1到t_2时态ϕ_2的幅度

人们现在可以把时间间隔（t_2-t_1）取作虚的，并让它等于β（图3.7）。人们还可以使初始场ϕ_1和终结场ϕ_2相同，并对态的完备的基求和。在左边就得到$e^{-\beta H}$对所有态求和的平均值。这正是在温度$T=\beta^{-1}$下的热力学配分函数。

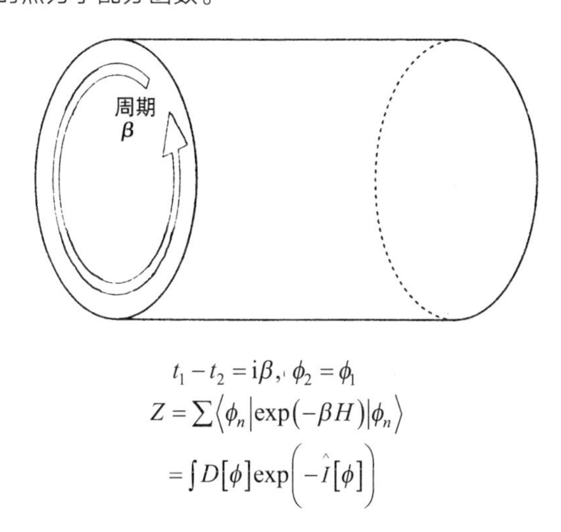

$$t_1-t_2=\mathrm{i}\beta,\ \phi_2=\phi_1$$
$$Z=\sum\langle\phi_n|\exp(-\beta H)|\phi_n\rangle$$
$$=\int D[\phi]\exp\left(-\hat{I}[\phi]\right)$$

图3.7　对在虚时间方向具有周期$\beta=T^{-1}$的欧氏时空上的所有场求和的路径积分，可以得到温度T下的配分函数

在方程的右边是一个路径积分。人们使ϕ_1和ϕ_2相同并对所有的场配置ϕ_n求和。这表明，实际上是在进行路径积分，是对在虚时间方向以β为周期等同的时空上的所有场求和。这样在温度T下，场ϕ的配分函数可由对在欧氏时空上的所有场求和的路径积分给出。这个时空在虚时间方向具有周期$\beta = T^{-1}$。

如果人们对在虚时间方向周期β等同的平坦时空上进行路径积分，就会得到黑体辐射的配分函数的通常结果。然而，正如我们刚看到的，欧氏史瓦西解在虚时间方向也具有$\frac{2\pi}{k}$的周期。这意味着在史瓦西背景中的场的行为正如同处于具有$\frac{k}{2\pi}$温度的热状态中一样。

虚时间的周期性解释了为何频率混合的繁复计算会导致准确的热性的辐射。然而，这个推导避免了参与在频率混合方法中的极高频率的问题。它还可适用于在背景中的相互作用场的情形。在一个周期性背景中进行路径积分意味着，所有物理量，譬如平均值等等，都是热性的。利用频率混合方法可非常困难地得到同样结果。

人们可以把这些相互作用推广到包括引力场自身的相互作用。人们可以从诸如欧氏史瓦西度规的背景度规g_0出发，这种度规是经典场方程的解。然后把作用量I按围绕着g_0的微扰δg的幂次展开：

$$I[g] = I[g_0] + I_2(\delta g)^2 + I_3(\delta g)^3 + \cdots$$

由于背景是场方程的解，所以线性项不出现。平方项可以认为是用来描述背景中的引力子，而立方项以及更高项描述引力子之间的相互作用。对于平方项的路径积分是有限的。纯粹引力在双圈水平上是重正化发散的，但是在超引力理论中它会和费米子相对消。因为还没有人足够勇敢或愚勇地进行过计算，所以还不知道超引力理论在三圈或更多圈水平上是否发散。最近的一些工作显示，也许它们在任意高阶都是有限的。但是，即便在更高阶发散，除了当背景在普朗克长度 10^{-33} 厘米的尺度下变曲情形之外，其效应是微不足道的。

零阶项比高阶项更有趣，这也就是背景度规 g_0 的作用量：

$$I=-\frac{1}{16\pi}\int R\left(-g\right)^{\frac{1}{2}}\mathrm{d}^4x+\frac{1}{8\pi}\int k\left(\pm h\right)^{\frac{1}{2}}\mathrm{d}^3x$$

广义相对论的通常的爱因斯坦–希尔伯特作用量是曲率标量 R 的体积分。对于真空解它为零，这样人们会以为欧氏史瓦西解的作用量为零。然而，在作用量中还有一个表面项，它和边界面的第二基本形式的迹 K 的积分成比例。当人们把这一项包括进去，并减去平空间的边界项，就会发现欧氏史瓦西度规的作用量为 $\frac{\beta^2}{16\pi}$，这儿 β 是在无穷处的虚时间周期。这样，对配分函数 Z 的路径积分的最重要贡献是 $\mathrm{e}^{\frac{-\beta^2}{16\pi}}$：

$$Z=\sum\exp(-\beta E_n)=\exp\left(-\frac{\beta^2}{16\pi}\right)。$$

如果取 $\lg Z$ 对周期 β 的微分，就得到能量，或者质量的平均值：

$$\left\langle E\right\rangle=-\frac{\mathrm{d}}{\mathrm{d}\beta}\left(\lg Z\right)=\frac{\beta}{8\pi}$$

这就得到质量 $M=\frac{\beta}{8\pi}$。这就证实了质量和周期，或者是温度倒数的

关系，这是我们已经知道的。然而，人们可以走得更远。按照标准的热力学论证，配分函数的对数等于负的自由能除以温度

$$\lg Z = -\frac{F}{T}$$

而自由能是质量或能量加上温度乘以熵S：

$$F = \langle E \rangle + TS \text{。}$$

把这一切合并起来就能看出，黑洞的作用量给出了$4\pi M^2$的熵：

$$S = \frac{\beta^2}{16\pi} = 4\pi M^2 = \frac{1}{4}A$$

这刚好使黑洞定律和热力学定律相同。

为什么人们能得到这种内禀引力熵，而在其他的量子场论中找不到它的对应物呢？其原因是引力允许时空流形具有不同的拓扑。在我们考虑的情形下，欧氏史瓦西解在无穷具有一个拓扑为$S^2 \times S^1$的边界。S^2是在无穷的巨大的类空二维球，而S^1对应于虚时间方向，它被周期性地等同（图3.8）。人们至少可以在此边界内用两种不同拓扑的度规来填充。其中一个当然是欧氏史瓦西度规。它具有$R^2 \times S^2$的拓扑，也就是欧氏二维平面乘上二维球。另一个是$R^3 \times S^1$，欧氏平空间在虚时间方面周期等同的拓扑。这两种拓扑具有不同的欧拉数。周期等同平空间欧拉数为零，而欧氏史瓦西解的欧拉数为二。其意义如下所述：在周期等同平空间的拓扑上，人们可以找到一个周期性时间函数τ，其梯度处不为零，并且它和在无穷处的边界上的虚时间坐标相符。然后可以算出在两个面τ_1和τ_2之间区域的作用量。对作用量有两个贡献，一个是对物质拉氏量加上爱因斯坦-希尔伯特拉氏量的体积分，

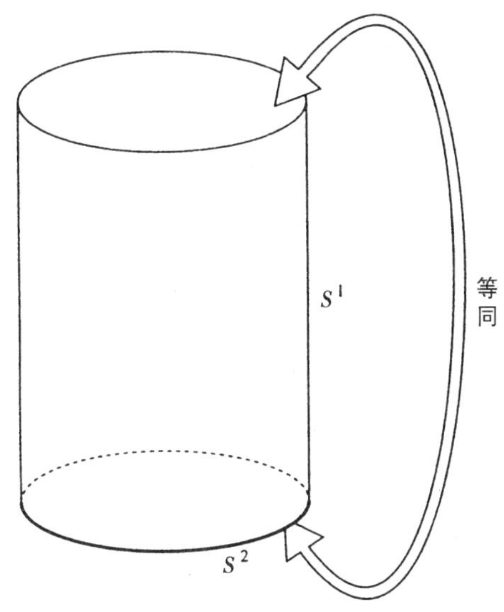

图3.8　欧氏史瓦西解在无穷处的边界

另外一个是表面项。如果解是时间无关的，则在$\tau=\tau_1$处的表面项就和在$\tau=\tau_2$处的相抵消。这样，在无穷的边界是仅有的对表面项有贡献之处。得到的表面项是质量和虚时间间隔乘积的一半。如果质量不为零，则必须存在产生该质量的非零物质场。可以证明物质拉氏量加上爱因斯坦-希尔伯特拉氏量的体积分也得出$\frac{1}{2}M(\tau_2-\tau_1)$。这样总作用量是$M(\tau_2-\tau_1)$（图3.9）。如果把这个对配分函数对数的贡献代入热力学公式，就会发现能量平均值为质量，正如所预期的。然而，背景场对熵的贡献是零。

然而，对于欧氏史瓦西解情况就不同了。因为欧拉数为二而不是零，人们就找不到一个其梯度处处不为零的时间函数τ。人们充其量只能选取史瓦西解的虚时间坐标。如果算出两个常数τ表面之间的作

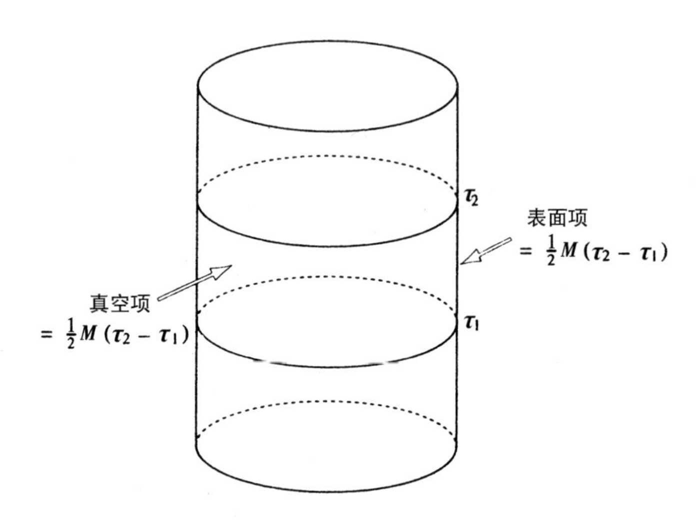

图3.9 周期等同欧氏平空间的作用量 $=M(\tau_2-\tau_1)$

用量，由于没有物质场以及曲率标量为零，其体积分为零。而在无穷的迹K的表面项又是$\frac{1}{2}M\left(\tau_2-\tau_1\right)$。然而，现在在视界处还有另一个表面项，视界便是$\tau_1$和$\tau_2$表面在一个角落相遇之处。人们可以对此表面项求值，发现它又等于$\frac{1}{2}M\left(\tau_2-\tau_1\right)$（图3.10）。这样，在$\tau_1$和$\tau_2$之间区域的总作用量为$M(\tau_2-\tau_1)$。如果人们利用这个作用量并且设$\tau_2-\tau_1=\beta$，就会发现熵为零。然而，如果我们从四维而不是3+1维的观点看待欧氏史瓦西解的作用量，由于度规在视界处是规则的，就没有理由把该处的表面项包括进去。排除视界处的表面项相当于作用量被减小了视界面积的四分之一，这刚好是黑洞的内禀引力熵。

黑洞熵和拓扑不变量亦即欧拉数相关联的这一事实，是一桩非常强的论断，即便我们必须进入更基本的理论，这个论断仍然有效。对于大多数粒子物理学家而言，这一观念无异为一道诅咒，他们是一大批极端保存者，要把一切都弄得像杨-米尔斯理论。他们赞成，如果

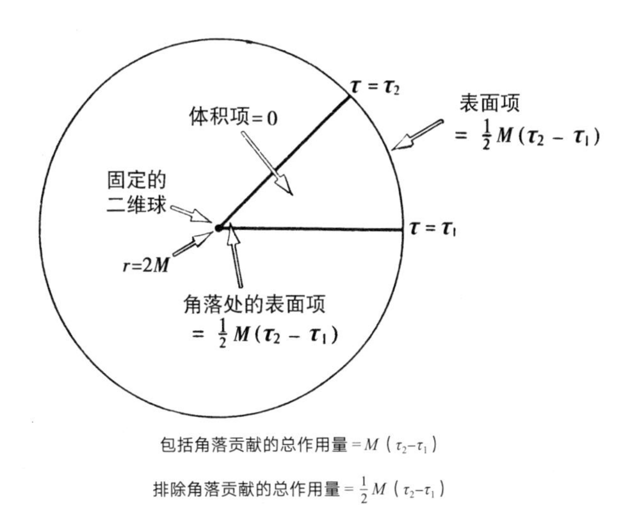

包括角落贡献的总作用量 $= M(\tau_2 - \tau_1)$

排除角落贡献的总作用量 $= \frac{1}{2}M(\tau_2 - \tau_1)$

图3.10　由于我们没有把在 $r = 2M$ 角落处的贡献包括进来，欧氏史瓦西解的总作用量为 $\frac{1}{2}M(\tau_2 - \tau_1)$

黑洞比普朗克长度更大，则黑洞发出的辐射似乎是热性的，而不管它是如何形成的。但是他们也许会声称，随着黑洞损失质量而缩小到普朗克尺度，量子广义相对论就会失效，一切都化为乌有。然而，我将描述一个黑洞的理想实验，信息在黑洞中看来是丧失了，而在视界外时空总是维持着很小的曲率。

一个强电场中能产生带正、负电荷的粒子对，人们知道这个事实已有相当长的时间了。一种看待这个现象的办法是注意到，一个具有电荷 q 的诸如电子的粒子在平坦的具有均匀电场 E 的欧氏空间中的运动轨道是一个圆周。人们可以把这个运动从虚时间 τ 向实时间 t 做解析连续。他就会得到一对带正、负电的粒子，由于电场的拉力被相互分开而加速飞离（图3.11）。

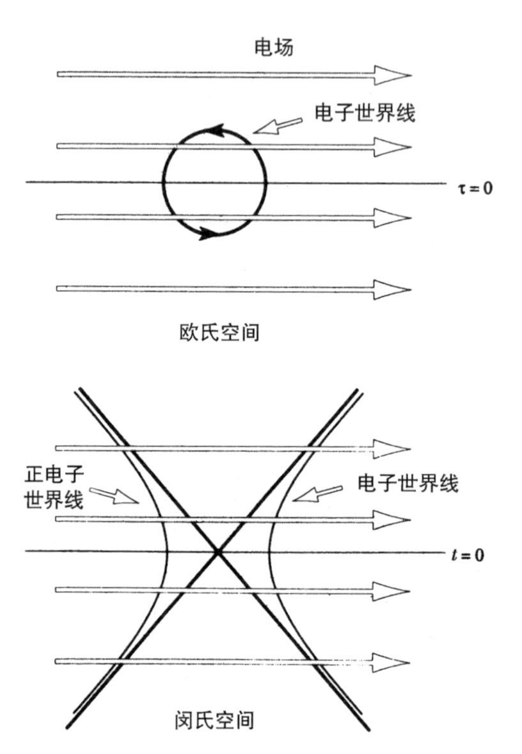

图3.11　在欧氏空间中，一个电子在电场中沿着圆周运动。在闵氏空间中，我们得到一对带反号电荷的粒子，相互加速飞离

对产生的过程可由把两张图沿着$t=0$或$\tau=0$的线切断来描述。然后把闵氏空间图的上一半和欧氏空间图的下一半接起来（图3.12）。从这个图像中可以看出带正电和带负电的粒子其实是同一粒子。从一个闵可夫斯基世界线过渡到另一个是通过欧几里得空间的隧道穿透的。对产生概率的第一阶近似是e^{-I}，此处

$$\text{欧氏作用量 } I=\frac{2\pi m^2}{qE}\text{ 。}$$

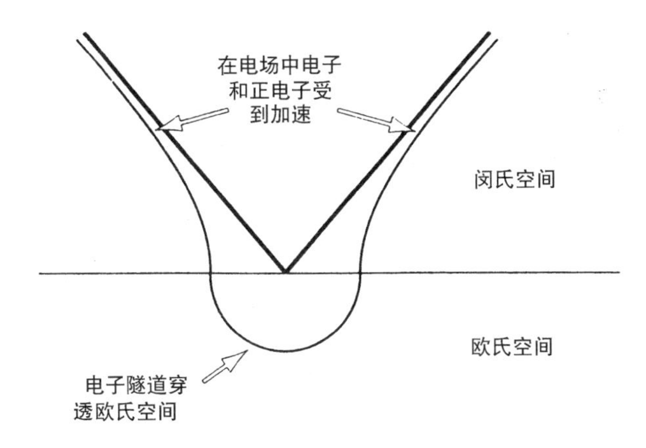

图3.12　可以利用半张欧氏图和半张闵氏图的连接来描述对产生

人们已经在实验中观察到强电场对产生，其产生率和这些估计相一致。

由于黑洞也能带电荷，所以人们预料，它们也可以成对地产生。然而，因为黑洞的质荷比大了10^{20}倍，所以产生率和电子—正电子对相比就显得非常微小。这表明在产生黑洞对的概率达到可观的数值之前，电子—正电子对产生早已把任何电场中和了。然而，还有一些带有磁荷的黑洞解。因为不存在带磁荷的基本粒子，所以这类黑洞不能由引力坍缩产生。但是人们可以预料，它们可以在一强磁场中成对地产生。因此，磁场可以强到足以使带磁荷的黑洞对产生的概率相当可观。

1976年恩斯特找到了一个代表在磁场中的两个带磁荷的相互加速离开的黑洞的解（图3.13）。黑洞在弯曲的欧氏空间沿着一个圆周运动，正如同在平坦的欧氏空间电子沿着一个圆周运动一样（图

3.14）。因为虚时间不仅在围绕黑洞的视界而且在围绕黑洞运动的圆周的中心都是周期性的，所以引起了复杂性。人们必须调整黑洞质荷比使这两个周期相同。在物理学上，这表明人们应这样选取黑洞的参数，使得黑洞的温度和由于加速而呈现的温度相等。随着磁荷趋近于在普朗克单位下的质量，黑洞的温度趋近于零。这样，在弱磁场中，在低加速时，人们总可以使两个周期相配合。

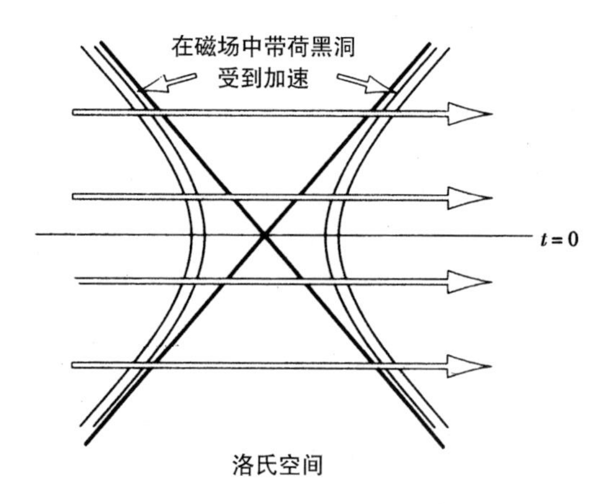

图3.13 在磁场中，一对带相反磁荷的黑洞相互加速飞离

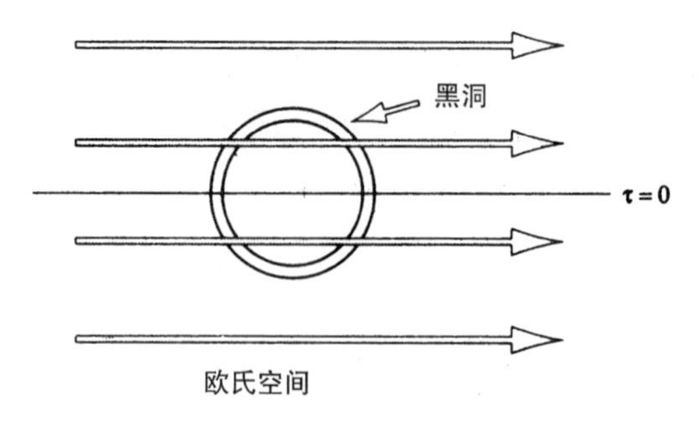

图3.14 在欧氏空间中一个带荷的黑洞沿着圆周运动

正如在电子对产生的情形，人们可以利用欧氏解的虚时间的下半部和洛氏解的实时间的上半部相连接来描述黑洞对的产生（图3.15）。人们可以认为黑洞在欧氏区域隧道穿透，并作为一对带反号磁荷的黑洞出现，它们被磁场加速而相互飞离。由于加速黑洞解在无穷趋于均匀的磁场，所以不是渐近平坦的。但是人们仍然可以用它来估计在磁场的局部区域黑洞对的产生率。

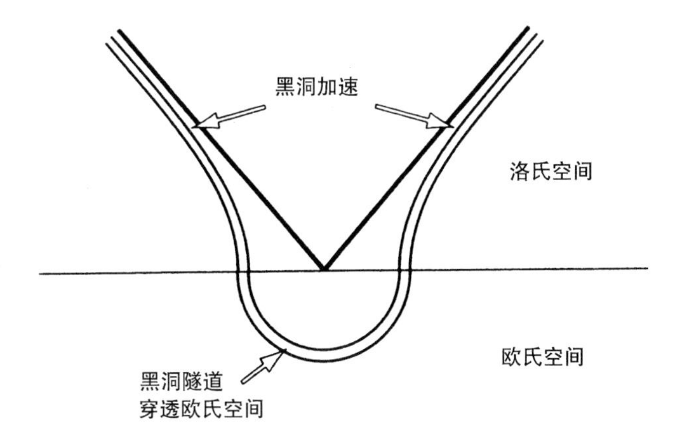

图3.15　还可以利用半张欧氏图和半张洛氏图的连接来描述一对黑洞的隧道穿透的产生

人们可以想象，黑洞在创生之后相互远离并进入无磁场的区域。然后可以把每个黑洞当作处于渐近平坦空间之中而分别处理。人们可以把任意大量的物质和信息抛入每个黑洞。这些黑洞辐射并丧失质量。然而，由于不存在带磁荷的粒子，所以它们不会失去磁荷。这样，它们最终就回到其原先的状态，质量比磁荷稍大一些而已。然后人们可以把这两个黑洞弄到一起使之相互湮灭。其湮灭过程可认为是对产生的时间反演。这样，这可由欧氏解的上半部和洛氏解的下半部相连接来描述。在对产生和对湮灭之间的一段很长的洛氏阶段中，黑洞相互离开，吸积物质，然后再返回到一块。但是引力场的拓扑是欧氏恩斯特解的拓扑。这就是$S^2 \times S^2$减去一点（图3.16）。

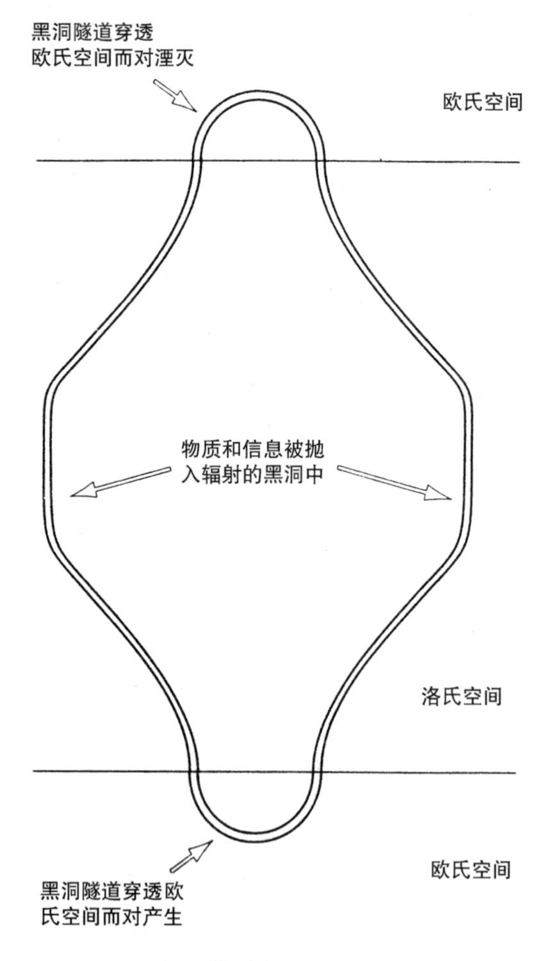

图3.16 黑洞对由于隧道效应产生而且最终又由于隧道效应湮灭

人们也许会担忧，由于在黑洞湮灭时其视界面积会消失，从而推广的热力学第二定律会被违反。然而，人们发现在恩斯特解中的加速视界的面积比没有对产生时所具有的面积更小。由于在两种情形下加速视界的面积都是无限大，因此这是一项相当精微的计算。尽管如此，在相当确定的意义上说，其面积差是有限的，并且等于黑洞视界面积加上有对产生以及没有对产生的解的作用量之差。这可以这么理解，对产生是零能过程，具有对产生的哈氏量和不具有对产生的哈氏量相同。我非常感谢赛蒙 · 罗斯和盖瑞 · 霍罗维茨为这次讲演及时地计算出这一减小量。这真是一桩奇迹 —— 我是指结果，而不是他们得到的过程 —— 它使我信服，黑洞热力学决非低能下的近似。我相信，即使我们必须进入量子引力的更基本理论，引力熵也绝不会消失。

人们从这一理想实验看到，当时空的拓扑和平坦闵可夫斯基空间的不同时，就会得到内禀引力熵以及信息丧失。如果对产生的黑洞比普朗克尺度大，则视界外的每一处的曲率都比普朗克尺度小。这表明我忽视三阶或更高阶的微扰项所引起的近似应是可靠的。这样，在黑洞中信息会丧失的结论应是可信的。

如果在宏观黑洞中信息丧失，那么它也应在因度规量子起伏出现的微观的虚黑洞过程中丧失。人们可以想象粒子和信息会落入这些黑洞并丧失掉。也许这里正是奥秘之所在。像能量和电荷这样的和规范场相耦合的量是守恒的，但是其他信息以及全局的荷会被丧失。这对于量子理论而言具有深远的含义。

人们通常假定，一个处于纯粹量子态的系统，以一种幺正的方式通过一系列纯粹量子态而演化。但是，如果通过黑洞的出现和消失而引起信息丧失，则不存在幺正演化。相反地，信息丧失意味着，在黑洞消失之后，终态就变成所谓的混合量子态。这可被认为是不同纯粹量子态的一个系综，每一纯态各具有自己的概率。但是，因为任何一种状态都不确定，不能利用和任何量子态干涉的办法把这种终态的概率减小到零。这表明引力在物理中引进了一种新水平的不确定性，这种不确定性超越于通常和量子理论相关的不确定之上。我将在下一次讲演（第5章）中指出，我们或许已经观测到这种额外的不确定性。这表示科学决定性论的终结，我们不能确定地预言未来。看来上帝在它的袖子里仍有一些令人无法捉摸的诡计。

图3.17

第 4 章 量子理论和时空

罗杰·彭罗斯

量子理论（QT），狭义相对论（SR），广义相对论（GR）以及量子场论（QFT）是20世纪的伟大的物理理论。这些理论不是相互独立的：广义相对论是基于狭义相对论的基础上建立的，而量子场论是由狭义相对论和量子理论结合而成（见图4.1）。

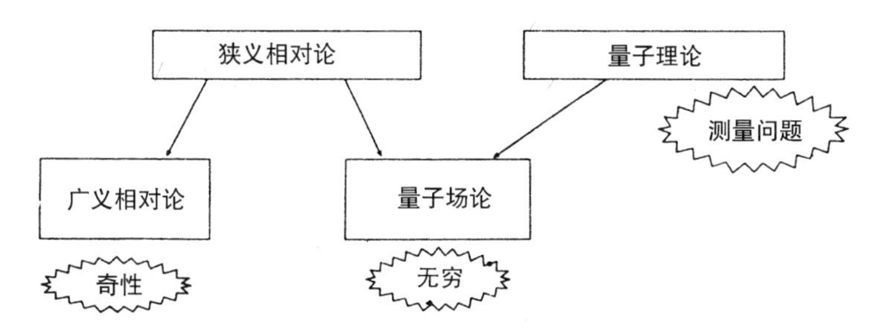

图4.1　20世纪的伟大物理理论以及它们的基本问题

有人说过，量子场论是迄今最精确的物理理论，它大约准确到10^{-11}。然而，我愿意指出，在一种确定的意义上，现在广义相对论被检验过，其准确性达到10^{-14}（而且这个精度显然是仅仅受限于地球上的时钟的精度）。我是指胡尔瑟－泰勒双脉冲量PSR 1913+16，这是一对相互公转的中子星，其中之一为脉冲星。广义相对论预言，因为引力波辐射引起能量丧失，其轨道会缓慢缩小（而且周期缩短）。这个现象的确被观测到，而运动的整个描述，在一端是牛顿轨道，中间范围是广义相对论修正，而在另一端轨道因引力辐射而加速，这一切合并起来和广义相对论相符（我把牛顿理论归并到广义相对论中去），它在20年的积累的时期里达到上面提到的令人印象深刻的精确度。现在他们因为发现这个系统而理所当然地得到了诺贝尔奖。量子理论者总是声称，由于他们理论的准确性，应该是改造广义相对论以适合他们的框架，但是我现在却认为量子场论应该赶上来才对。

虽然这四种理论都是极其成功的，但它们并非没有问题。量子场论的问题是，只要你一计算多连通的费因曼图，其答案便为无限大。这些无穷大必须用理论的重正化步骤将其扣除或缩小。广义相对论预言了时空奇性的存在。在量子理论中有所谓的“测量问题”——我将要描述之。人们可以认为，这些理论的各种问题的解决有赖于这一事实，即它们各自都不是完备的。例如，许多人预料量子场论也许能以某种方式“抹平”广义相对论的奇性。量子场论中的发散问题可以部分地由广义相对论的紫外切断所解决。类似地，我相信当广义相对论和量子理论适当地结合成某种新理论之时，最终能解决测量问题。

现在我想谈谈黑洞中的信息丧失，我断言它和最后那个问题有关系。我几乎完全同意史蒂芬有关这些所说的一切。但是史蒂芬把因黑洞引起的信息丧失当作物理学中的额外不确定性，并超越于量子力学的不确定性之上，而我却把它当作一种“互补的”不确定性。让我解释一下我的想法。在一个具有黑洞的时空中，利用时空卡特图的构造，人们可以看到信息丧失何以发生（图4.2）。

“入信息”是在过去零性无穷$\mathcal{I}^-$上给定，而“出信息”是在未来

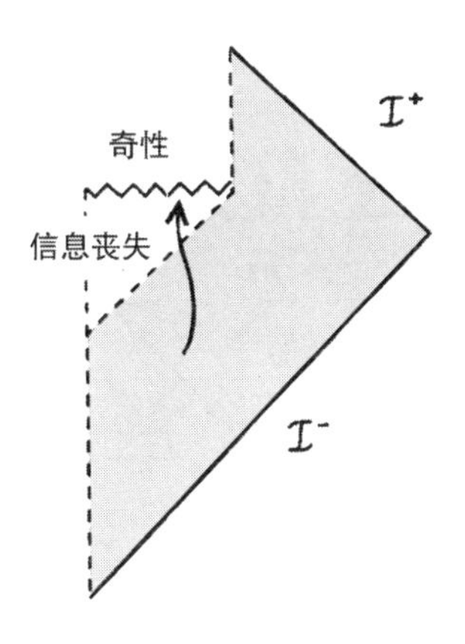

图4.2　黑洞坍缩的卡特图

零性无穷$\mathcal{I}^+$上给定。人们会说，当信息落入黑洞的视界时丧失掉了，但是我宁愿认为当它遇到奇性时丧失掉。现在考虑一个物体坍缩成黑洞，随之黑洞因霍金辐射而蒸发。（人们肯定要足够耐心才能等待它的发生——也许比宇宙的生命还要长！）我同意史蒂芬的观点，在这一坍缩和蒸发的图景中信息丧失了。我们还能画出这个整体时空的卡特图（图4.3）。

黑洞中的奇性是类空的并具有巨大的外尔曲率，这和我前面讲演的讨论（第2章）相符。在黑洞蒸发时刻，从奇性残余的一块逃出一点信息是可能的（由于这残余的奇性处于未来的外界观察者的过去，其外尔曲率很小甚至为零），但是这种获取的微小信息比在坍缩中丧失的小得太多了（我在这儿是考虑黑洞最后消失的任何合理的图景）。如果我们做一个理想实验，把这个系统封闭在一个大盒子之中，我们可以考虑盒子之中物质的相空间演化。相空间中对应于存在一个黑洞

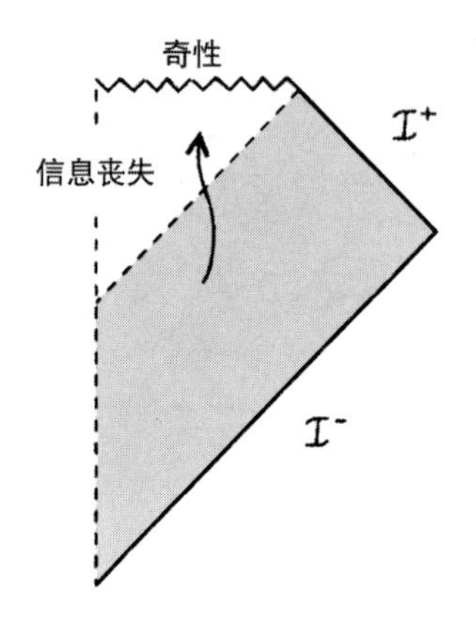

图4.3 黑洞蒸发的卡特图

情形的区域，其物理演化的轨道会收敛，伴随这些轨道的体积会收缩。这是由于信息丧失到黑洞奇性中去了。这个收缩和通常经典力学中的刘维尔定理直接冲突，这个定理说，相空间的体积保持常数。（这是一道经典定理。严格地讲，我们必须考虑希尔伯特空间中的量子演化。那么，刘维尔定理的违反就对应于非幺正演化。）这样，黑洞时空违背这个守恒。然而，在我的图景中，这个相空间体积丧失可由“自发”量子测量过程所平衡，可在测量中得到信息并且增加相空间体积。这就是为何，我把由黑洞信息丧失引起的不确定性认为是量子理论中的不确定性的“互补”：这是一个问题的两个方面（见图4.4）。

人们可以讲，过去奇性携带很少信息，而未来奇性携带大量信息。这就是热力学第二定律的根基。这些奇性中的非对称也和测量过程中的非对称相关联。这样，让我们下一步转到量子理论中的测量问题上来。

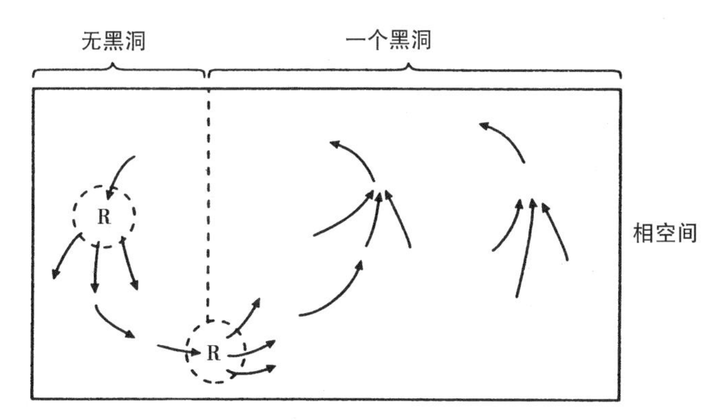

图4.4 当黑洞存在时发生相空间体积丧失。它可由波函数坍缩R引起的相空间体积的重新获得而得到平衡

可以利用双缝问题来阐释量子理论的原理。用一束光照射到带有两个缝A和B的一个不透明屏障上。在后面的屏幕上，它会产生明暗带干涉模式。单独的光子会到达屏幕的分立点上，但是由于干涉，光子达不到屏幕上的一些点。令p为这样的一点——尽管如此，只要其中的一个缝隙被遮住，光子就能到达该处。不同的可能性有时相互抵消，这种性质的相消干涉是量子力学最令人迷惑的特征。我们按照量子力学的叠加原理来理解它。叠加原理是说，如果路径A和B都是光子可能通过的，而相应的光子态表示为$|A\rangle$和$|B\rangle$，而且我们假定，这些都是光子到达p要经过的，它首先通过一条缝或者首先通过另一条缝，那么$z|A\rangle+\omega|B\rangle$也是可能的态，此处$\omega$和$z$是复数。

由于ω和z是复数，所以以任何方式认为它们是概率都是不合适的。光子态正是这种复叠加。量子系统的幺正演化（我将其称为U）维持这种叠加：如果zA_0+wB_0是在时刻t的一个叠加，那么在时间t之后，它会演化成zA_t+wB_t，此处A_t和B_t分别代表时刻t的两种态的演化。

对量子系统进行测量，量子的不同选择被放大，给出可以区分的输出，这里发生了不同类型的“演化”，它叫作波矢量的减缩或“波函数坍缩”（我将其称为 **R**）。只有当系统被“测量”时，概率才进入角色，两个事件发生的相对或然率是$|z|^2:|\omega|^2$。

U和 **R**是非常不同的过程：**U**是决定性的，线性的，（在配置空间中）定域的以及时间对称的。**R**是非决定性的，肯定是非线性的，非定域的，以及时间非对称的。量子力学中的这两个基本演化过程之间的差异是非常显著的，极不可能把 **R**归结成**U**的一种近似（虽然人们经常企图这么做）。这就是“测量问题”。

特别是，**R**为时间非对称的。假定光子源**L**有一束光照射到一个半镀银的镜子上，镜子和下垂方向成45°角，在镜子后面放置一个检测器**D**（图4.5）。

因为镜子只是半镀银的，所以透射和反射态的叠加权重相等。这就导致任何单独光子有一半的概率激活检测器而不被实验室地板吸收。这个50%就是以下问题的答案：“如果**L**发射光子，**D**接收到它的概率是多少？”规则 **R**决定了这类问题的答案。然而，我们还可以问这样的问题：“如果**D**接收到光子，那么它是从**L**发射出的概率是多少？”人们也许会认为我们可以用和前面相同的方法得出概率。**U**是时间对称的，那么这点对 **R**也适用吗？ 事实上，对这个问题的答案由相当不同的考虑所确定，也就是热力学第二定律。此处把这个定律应用到墙上，其非对称性归根到底是因为宇宙在时间上非对称引起的。阿哈拉诺夫、柏格曼和列波维奇（1964）曾经指出，如何把测量

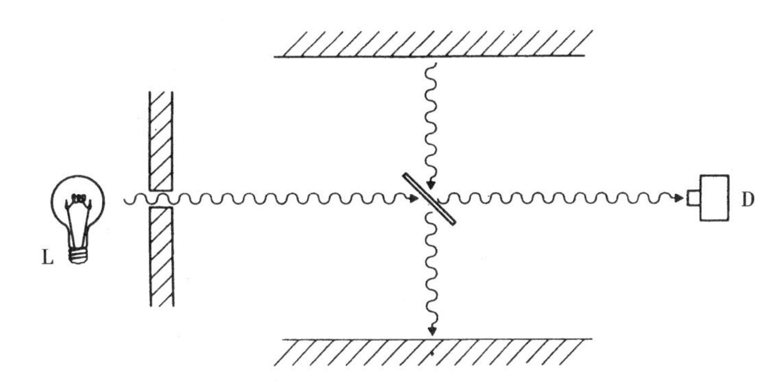

图4.5　这个简单的实验用来解释起源于R中的量子概率不能适用于时间反演反向

问题置于时间对称的框架中去。根据这种规划，**R**的时间非对称是由将来和过去的非对称边界条件引起的。这也是格雷菲斯（1984），翁纳斯（1992）以及盖尔曼和哈特尔（1990）所采用的一般框架。由于第二定律的起源可回溯到时空奇性结构的非对称性，这种关系暗示着量子力学的测量问题和广义相对论中的奇性问题是相关的。回顾一下我在上一次讲演中提出的，初始奇性具有非常微小的信息以及零值的外尔张量，而终结奇性（或者无穷）携带有大量信息以及发散的外尔张量（在奇性的情形下）。

为了在使我考虑量子力学和广义相对论关系之时立场明确，我现在最好讨论一下我们所说的量子实在是什么：究竟态矢量是“真实的”，或者密度矩阵是“真实的”？密度矩阵代表我们对态的不完整认识，并因此包含两类概率——经典概率以及量子概率。我们可以把密度矩阵写成

$$D=\sum_{i=1}^{N}P_i|\psi_i\rangle\langle\psi_i|,$$

此处p_i是概率，它们是实数并服从$\sum p_i = 1$，而每一个$|\psi_i\rangle$都进行了归一化。这是态的加权概率混合。这儿$|\psi_i\rangle$没必要是正交的，而N可以比希尔伯特空间的维数还大。让我们作为一个例子，来考虑一个爱因斯坦–帕多尔斯基–罗逊类型的实验，一个自旋为零的粒子，处于实验的中心，它衰变成两个自旋为二分之一的粒子。这两个粒子沿相反方向飞离并在“此处”和“彼处”被检测到，“彼处”可以远离“此处”，譬如讲在月亮上。我们把态矢量写成一个概率的叠加

$$|\psi\rangle = \{|上此\rangle|下彼\rangle - |下此\rangle|上彼\rangle\}/\sqrt{2} \quad (4.1)$$

此处$|上此\rangle$是此处一个粒子其自旋朝上的态，等等。现在假定在月亮上进行了Z方向的自旋测量，而我们并不知道这个结果。那么，态在此处就由密度矩阵来描述

$$D = \frac{1}{2}|上此\rangle\langle上此| + \frac{1}{2}|下此\rangle\langle下此|。 \quad (4.2)$$

另一种可能是，在月亮上也许进行了x方向的自旋测量。态矢量（4.1）可重写成

$$|\psi\rangle = \{|左此\rangle|右彼\rangle - |右此\rangle|左彼\rangle\}/\sqrt{2},$$

我们得到的合适的密度矩阵为

$$D = \frac{1}{2}|左此\rangle\langle左此| + \frac{1}{2}|右此\rangle\langle右此|,$$

它事实上和（4.2）相等。然而，如果态矢量描述实在，那么密度矩阵就没讲发生了什么。它只不过在假定你不知道“彼处”发生什么

的情形下给出“此处”测量的结果。特别是，我可能收到一封从月亮来的通知我有关那儿测量的性质和结果的信。这样，如果我（在原则上）能得到这个信息，则我必须用一个态矢量来描述这整个（纠缠的）系统。

一般讲来，对于给定的密度矩阵，存在大量的把它写成态的概率叠加的不同方式。况且，按照休斯顿，约莎和伍特斯（1993）最近的一道定理，对于以这种方式产生的密度矩阵，正如同爱因斯坦-帕多尔斯基-罗逊系统的“此处”部分，对于它作为概率态混合的任何解释，在“彼处”总存在一个“测量”，这个“测量”刚好赋予“此处”的密度矩阵以特殊的概率混合解释。

另一方面，人们也许论断道，密度矩阵描述实在，以我的理解，当黑洞出现时，这和史蒂芬的观点相接近。

约翰·贝尔有时把态矢量的减缩过程的标准描述称作FAPP，这是“为所有实用目的”的缩写。按照这个标准步骤，我们可以把总态矢量写成

$$|\psi_{总}\rangle = \omega\,|上此\rangle\,|?\rangle + z\,|下此\rangle\,|?'\rangle,$$

此处$|?\rangle$描写环境中在我们测量外的事物。如果环境的信息丧失，那么我们最多只能用密度矩阵

$$D = |\omega|^2|上此\rangle\langle上此| + |z|^2|下此\rangle\langle下此|。$$

只要不能从环境恢复信息，我们“也可以”（FAPP）认为态是分别具有概率$|\omega|^2$和$|z|^2$的|上此⟩或|下此⟩。

然而，由于密度矩阵没有告诉我们它是由哪些态构成的，我们还需要另外的假设。为了解释这一点，让我们考虑薛定谔猫的理想实验。它描写关在盒子中的猫的状态，一个光子被发射出并遭遇到一面半镀银的镜子，而光子波函数的穿透部分遭遇到一个检测器，如果它检测到光子，就自动开枪把猫枪毙。如果它没有检测到光子，则猫安然无恙。（我知道史蒂芬不批准虐待猫，即便是在理想实验之中！）这个系统的波函数是这两种不同可能性的叠加

$$\omega\,|死猫\rangle\,|开枪\rangle+z\,|活猫\rangle\,|不开枪\rangle,$$

此处|开枪⟩和|不开枪⟩是被当作环境状态。

按照量子力学的多世界观点这应是（不管环境）

$$\omega\,|死猫\rangle\,|知道猫死\rangle+z\,|活猫\rangle\,|知道猫活\rangle, \qquad (4.3)$$

此处|知道…⟩态是实验者的头脑状态。但是，为什么不允许我们去感知像这类的宏观**叠加**，而不仅仅是宏观的**可能性**“猫死”或“猫活”呢？例如，在$w=z=1/\sqrt{2}$的情形，我们能把态（4.3）写成叠加

$$\{(|死猫\rangle+|活猫\rangle)$$

$$\times(|\text{知道猫死}\rangle+|\text{知道猫活}\rangle)$$
$$+(|\text{死猫}\rangle-|\text{活猫}\rangle)$$
$$\times(|\text{知道猫死}\rangle-|\text{知道猫活}\rangle)\}/2\sqrt{2}$$

这样，除非我们有理由把诸如（$|\text{知道猫死}\rangle+|\text{知道猫活}\rangle$）/ $\sqrt{2}$ 的“感知态”排除在外，我们对问题的解决没有任何进展。

这同样的问题也适用于环境，而且（例如，又是在$w=z=1/\sqrt{2}$的情形下）我们能把密度矩阵写成叠加

$$D=\frac{1}{4}(|\text{死猫}\rangle+|\text{活猫}\rangle)(\langle\text{死猫}|+\langle\text{活猫}|)$$
$$+\frac{1}{4}(|\text{死猫}\rangle-|\text{活猫}\rangle)(\langle\text{死猫}|-\langle\text{活猫}|),$$

这使我们得知，这个“环境离析”观点并没有解释为何猫非活即死。

在此我不想进一步讨论意识或离析的问题。以我的意见，测量问题的答案在于他处。我现在认为，当广义相对论被涉及时，不同时空几何的叠加出了某种毛病。也许两个不同几何的叠加是不稳定的，而且衰变到这两个中的一个。例如，这种几何也许是活猫或死猫的时空。我把这种往一种或另一种可能的衰变称为客观减缩，我喜爱这个名字因为它有一个美妙的缩写（OR）。普朗克长度10^{-33}厘米和它有何关系呢？自然决定两个几何是否明显不同的判据与普朗克尺度有关，而这就定下了减缩到不同可能发生的时间尺度。

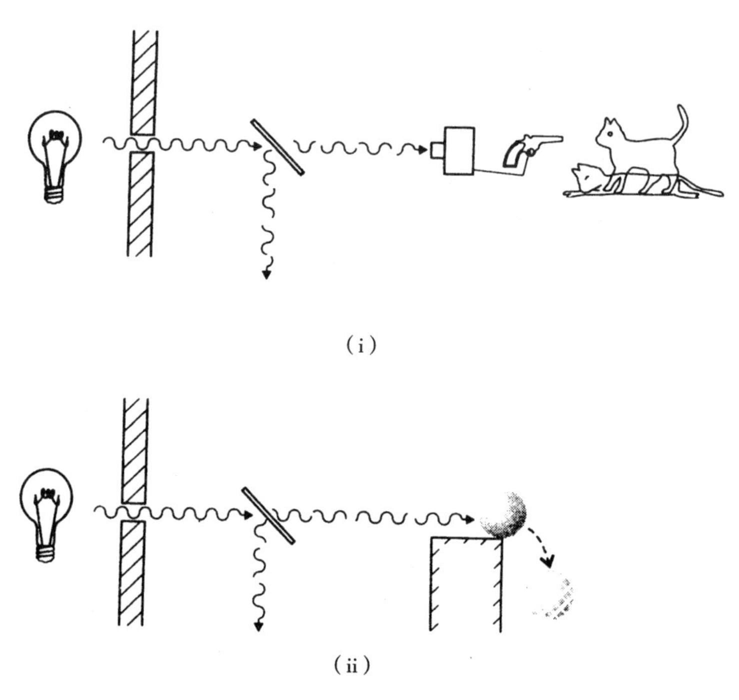

（i）

（ii）

图4.6　薛定谔猫（ i ）及其更人道的版本（ ii ）

我们可以让猫好好休息一下。再回到半镀银镜子的问题上来，但是这回随着检测到光子，使一大块质量从一处运动到另一处（图4.6）。

如果我们把物体细心地置于悬崖的边缘，只要一个光子便能把它推下去，我们就不必担忧检测器上的态减缩的问题！被移动的质量多大才足以使两种可能性的叠加不稳定呢？正如我在这儿建议的，引力能提供答案（参阅彭罗斯1993，1994；还可参阅狄奥西1989，吉拉迪、格拉西和雷米尼1990）。根据提供的方案，为了计算衰变时间，考虑把一个物体情状从它和另一情状重合下分开，并克服另一情状物体的引力场，直到两者总质量等于各自质量的叠加为止所耗费的能量E。我提议这个叠加的态矢量坍缩的时间尺度具有数量级

$$T \sim \frac{h}{E}。 \quad (4.4)$$

对于一个核子，时间尺度将近10^8年，所以在存在的实验中看不到不稳定性。然而，对于尺度为10^{-5}厘米的水滴，其坍缩需要大约两个小时。如果水滴有10^{-4}厘米，坍缩需要大约十分之一秒，而对于10^{-3}厘米，坍缩就只需要10^{-6}秒左右。还有，这是当这一团和环境隔离开的情形；物质在环境中的运动会促进衰变。这一类解决量子理论测量问题的方案会遇到能量守恒和定域性的问题。但是在广义相对论中引力能量中存在内在的不确定性，尤其是当考虑到这些对叠加态将如何贡献之时。广义相对论中的引力能量不是定域的：引力势能非定域地（负性地）对总能量贡献，而引力波可从系统携带走（正性的）非定域的能量。在一定情形下，甚至平坦时空能对总能量有贡献。两个质量定位的叠加态中的能量不确定性，正如此处所考虑的（由于海森堡不确定性）和衰变时间（式4.4）相协调。

问答

问：霍金教授提到，引力场在一些方面比其他场更特殊。你对此有何看法？

答：引力场肯定是特殊的。这个学科的历史颇具讽刺意味：牛顿从引力论来开创物理学，而引力论又是其他相互作用的原始典范。但是现在发现引力在事实上和其他相互作用在本性上有差异。引力是仅有的影响因果性的相互作用，考虑到黑洞和信息丧失，它具有深远的含义。

第 5 章 量子宇宙学

史蒂芬·霍金

我将在第三次讲演中转向宇宙学。宇宙学在过去被认为是伪科学并且是一些物理学家的保留地，供这些在早年也许做过一些有用的工作，但在晚年进入玄秘状态的人栖息。有两种原因导致这种看法。第一种是过去几乎没有任何可靠的观测。的确，直到20世纪20年代左右，仅有的重要的宇宙学观察就是夜空是黑的。但是人们并没有领会到它的意义。然而，近年来宇宙观测的范围和质量随着技术的发展而得到巨大的改善。这样，说宇宙学没有观测基础，进而反对它作为科学的说法就不再站得住脚了。

然而，还存在第二种而且更严重的反对。宇宙学除非对初始条件做了一些假设，它对宇宙不能做任何预言。没有这种假设，则人们所能说的是，事情之所以像现在这样，是因为在更早先阶段它是那种样子。而许多人相信，科学只应关心制约宇宙如何随时间演化的定域的定律。他们会觉得，确定宇宙如何启始的宇宙边界条件是形而上学或宗教的问题，而不是科学的问题。

这情形因罗杰和我证明的定理而恶化。这些定理指出，根据广义相对论，在我们的过去应该有奇性。场方程在奇性处无法定义。这样广义相对论导致了自身的失效：它预言它不能预言宇宙。

虽然许多人欢迎这个结论，我对之却极度不安。如果物理定律可以在宇宙的开端失效，为何不能在任何地方失效？在量子理论中有一条原则，只要不是被绝对禁戒的事物都是会发生的。一旦人们在路径积分中允许奇性历史参与，它们就会随时随地发生，而预见性便会消失殆尽。如果在奇性处物理学定律失效，那么在任何地方都会失效。

科学理论的唯一出路是，物理定律必须处处成立，包括宇宙的开端也不例外。人们可把这些认为是民主原则的胜利：为何宇宙的开端可以免除适合他处的定律的制约？如果所有点都是平等的，就绝不能让一些点比其他点更平等些。

为了实施物理定律在任何地方都有效的观念，人们应该让路径积分只对非奇性度规求和。人们在通常的路径情形下得知，测度更集中于不可微的路径。但是在某些合适的拓扑中，这些路径是光滑路径的完备化，并具有定义完好的作用量。类似的，人们会预料到，量子引力的路径积分应该对光滑度规的完备化空间求和。路径积分不能包括的是奇性的度规，因为它的作用量没有定义。

我们看到，在黑洞的情形中，路径积分应对欧氏也就是正定度规求和。这意味着像史瓦西解这样的黑洞的奇性在欧氏度规中不出现，欧氏度规并没有到达视界里面。相反的，视界像是极坐标的原点。因此欧氏度规的作用量是完好定义的。人们可以把这个认为是宇宙监督的量子版本：奇性处结构的破坏不应影响任何物理测量。

因此，量子引力的路径积分看来应该对非奇性欧氏度规求和。但是对这些度规上应赋予什么样的边界条件，存在两个也只有两个自然的选择。第一个是度规在紧致集之外要趋近于平坦的欧氏度规。第二种可能性是在紧致和没有边界的流形上的度规。

量子引力路径积分的自然选取

1.渐近平坦的欧氏度规。

2.没有边界的紧致度规。

第一类渐近欧氏度规对于散射计算显然很适合（图5.1）。人们在这些度规中从无穷把粒子发进来，再在无穷观察跑出什么来。所有的观察都在无穷进行，在无穷处的背景度规是平坦的，可以以通常方式把场的小起伏解释成粒子。人们不必询问在中间的相互作用区域发生了什么。这就是为何人们让相互作用区域的路径积分对所有可能历史求和，也就是对所有渐近欧氏度规求和。

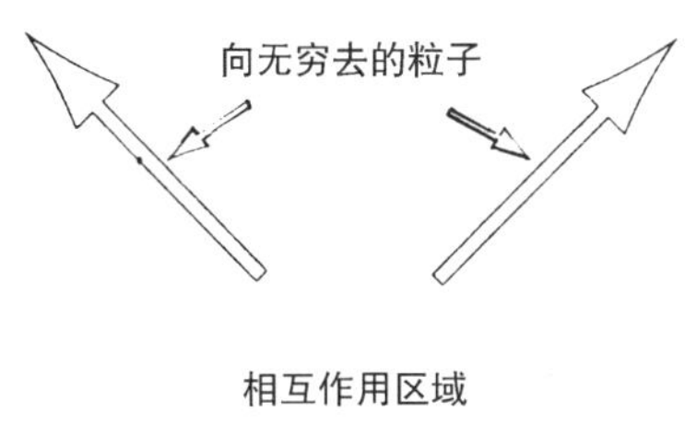

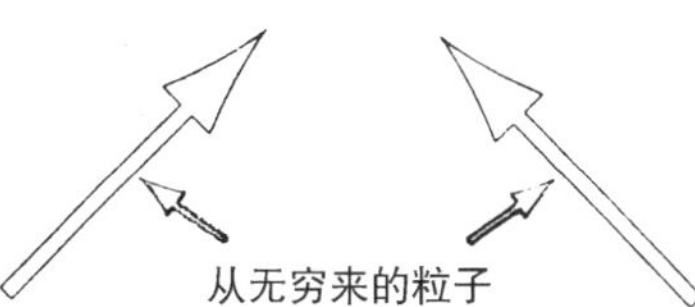

图5.1　在散射计算中，我们在无穷测量入射和出射粒子，因此我们要研究渐近欧氏度规

然而，人们在宇宙学中有兴趣在有限区域而不是在无穷进行测量。我们处于宇宙之中，而非从外界来窥视宇宙。为了看到这种差异，首先让我们假定，宇宙学的路径积分是对所有渐近欧氏度规求和。那么，对于在有限区域的测量的概率存在两种贡献。第一种来自于连通的渐近欧氏度规。第二种来自于非连通的度规，它由一个包含测量区域的紧致时空和一个与之相分离的渐近欧氏度规组成（图5.2）。人们不能把非连通度规从路径积分中排除，因为它们可由连通度规来近似，在此度规中不同的部分可由具有可以忽略的作用量的细管或虫洞连接起来。

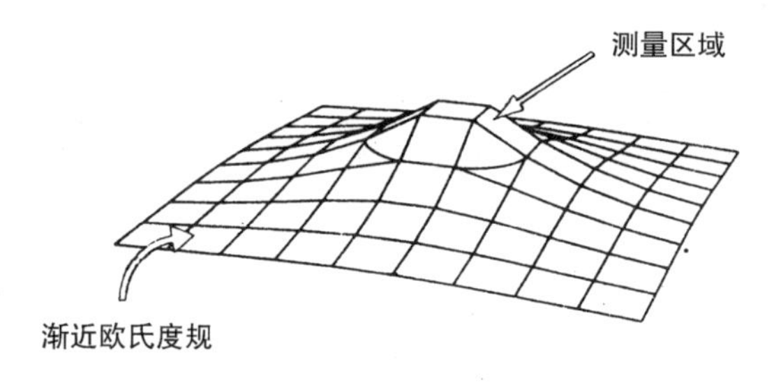

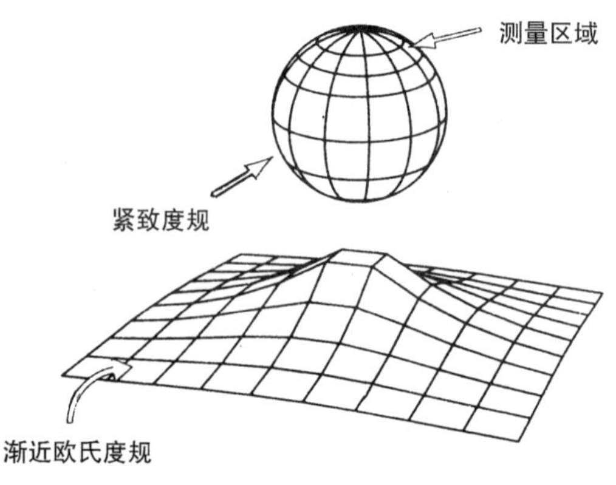

图5.2 宇宙测量是在有限区域进行，所以我们必须考虑两种类型的渐近欧氏度规：连通的（上）和非连通的（下）

由于时空的非连通的紧致区域不和无穷连接，而测量却是在无穷进行的，所以紧致区域不影响散射计算。但是它们会影响宇宙学中的测量，因为它是在有限区域进行的。的确，这种非连通度规的贡献远远压倒来自连通的渐近欧氏度规的贡献。这样，人们即便把宇宙学的路径积分对所有渐近欧氏度规求和，其效应和对所有紧致度规求和几乎完全相同。因此，对宇宙学的路径积分，看来更自然的是取对所有无边界的紧致度规求和，正如哈特尔和我在1983年所提议的那样（哈特尔和霍金，1983）。

无边界假设（哈特尔和霍金）

量子引力的路径积分是对所有紧致欧氏度规求和。

人们可以把它重述为“宇宙的边界条件是它没有边界。”

我在这次讲演的以下部分要指出，这个无边界假设似乎能解释我们生活于其中的宇宙。那是一个各向同性的、均匀的、具有微小微扰的膨胀宇宙。我们可以在微波背景的起伏中观察到这些微扰的谱和统计。这些结果迄今和无边界假设相一致。当微波背景的观测被延伸到更小的角度范围时，这种观察便成为无边界假设和欧氏量子引力整个学说的试金石。

为了使用无边界假设来作假设，引进能用以描述宇宙在一个时刻的状态的概念很有助益。考虑时空流形M包含一个嵌入的三维流形Σ的概率，这三维流形的度规用h_{ij}来表示。它由一个对所有在M上的度规g_{ab}的路径积分来计算，在此要求度规g_{ab}在Σ上的导出度规为h_{ij}。

$$在\sum上导出度规h_{ij}的概率=\int_{M上在\sum导出h_{ij}的度规}\mathrm{d}[g]\mathrm{e}^{-I}$$

如果M是单连通的，这正是我要假设的，则面$\sum$就把M分成两部分：M^+和M^-（图5.3）。在这种情形下，$\sum$具有度规h_{ij}的概率是可以因式分解的。它是两个波函数Ψ^+和Ψ^-的乘积。它们分别是从对所有M^+和M^-上的度规求和的路径积分得出，而这些度规在$\sum$上导出给定的三维度规h_{ij}。

$$h_{ij}的概率=\Psi^+(h_{ij})\times\Psi^-(h_{ij})$$

此处

$$\Psi+(h_{ij})=\int_{M^+上在\sum上导出h_{ij}的度规}\mathrm{d}[g]\mathrm{e}^{-I}$$

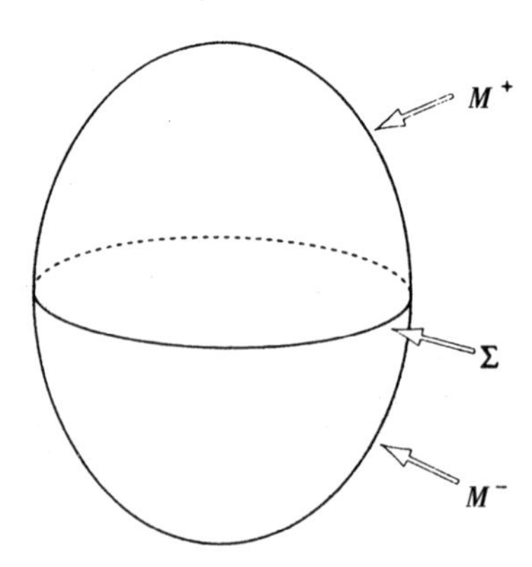

图5.3　表面$\sum$把紧致的、单连通的流形M分割成M^+和M^-两部分

在大多数情形下，这两个波函数相等，所以我将把上标+和−去掉。Ψ被称作宇宙的波函数。如果还有物质场，则波函数还依赖于它

们在Σ上的值ϕ_0。但是由于在一个闭合的宇宙中不存在一个特别优越的时间坐标，所以波函数并不显明地和时间有关。无边界假设的含义是，宇宙的波函数是由一个对在紧致流形M^+上的场求和的路径积分给出，这些流形的仅有边界是表面Σ（图5.4）。该路径积分是对在M^+上所有度规和物质场求和，而这些度规和场在Σ和h_{ij}以及物质场ϕ_0相一致。

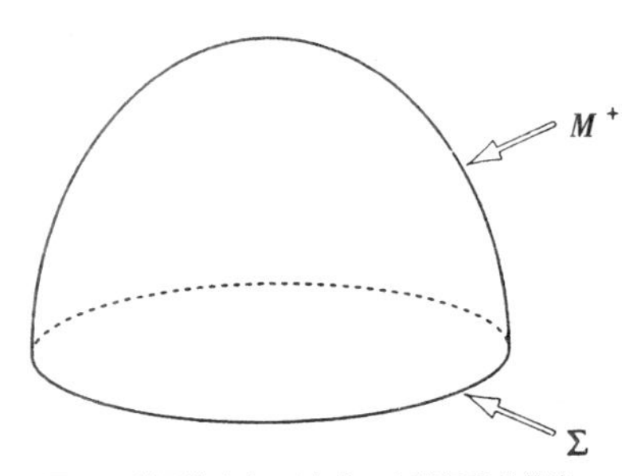

图5.4 波函数由在M^+上的一个路径积分给出

人们可以把表面Σ的位置描述成Σ上的三坐标x_i的函数τ。但是由路径积分定义的波函数不能依赖于τ或者坐标x_i的选取。这表明波函数Ψ必须服从四个泛函微分方程。其中三个方程叫作动量约束。

动量约束方程

$$\left(\frac{\partial \psi}{\partial h_{ij}}\right)_{ij}=0$$

它们表达了这样的事实，即对于相互之间可由坐标变换得到的不同三度规h_{ij}，其波函数必须相同。第四个方程称为惠勒–德威特方程。

惠勒–德威特方程

$$\left(G_{ijkl}\frac{\partial^2}{\partial h_{ij}\partial h_{kl}}-h^{\frac{1}{2}}\ {}^3R\right)\psi=0$$

它对应于波函数与τ无关。人们可以把它认为是宇宙的薛定谔方程。但是，因为波函数不显明地依赖于时间，所以没有时间导数项。

人们为了估计宇宙的波函数，正如在黑洞的情形，可以利用路径积分的鞍点近似。人们在流形M^+上找到满足方程的欧氏度规g_0，并要求g_0在边界$\sum$上导出度规h_{ij}。然后，人们可把作用量围绕着背景度规g_0做级数展开

$$I[g]=I[g_0]+\frac{1}{2}\delta gI_2\delta g+\cdots$$

和前面一样，微扰线性项消失。平方项可认为是背景中的引力子的贡献，而更高阶项是引力之间的相互作用。当背景的曲率半径和普朗克尺度比较大时，这些可以不管，因此，

$$\psi\approx\frac{1}{(\det I_2)^{\frac{1}{2}}}e^{-I[g_0]}$$

人们可从一个简单的例子看到波函数像什么样子。考虑一种没有物质场的情形，这儿只存在一个正的宇宙常数Λ。让我们取$\sum$为一个三维球并且h_{ij}为半径a的标准三维球度规。然后以$\sum$为边界的流形M^+可取为四维球。满足场方程的度规是具有半径$\frac{1}{H}$的四维球的一部分，此处$H^2=\frac{\Lambda}{3}$。其作用量为：

$$I=\frac{1}{16\pi}\int(R-2\Lambda)(-g)^{\frac{1}{2}}\mathrm{d}^4x+\frac{1}{8\pi}\int K(\pm h)^{\frac{1}{2}}\mathrm{d}^3x$$

对于半径比$\frac{1}{H}$还小的三维球$\sum$，存在两个可能的欧氏解：M^+可以比半球面少或者多（图5.5）。然而，可以论证道，人们应当取对应于

少于半球面的那个解。

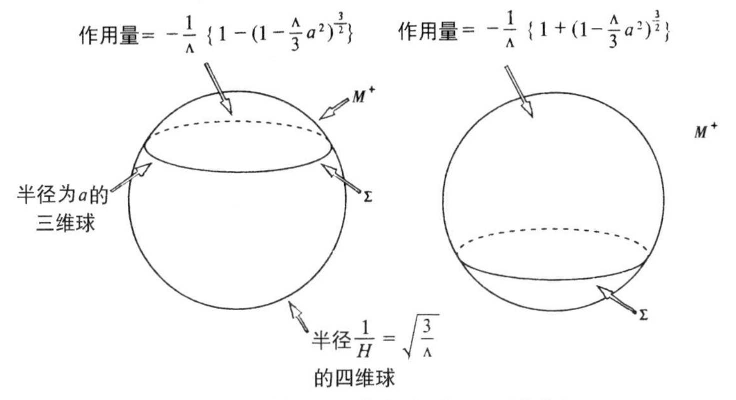

图5.5 具有边界Σ的两个可能的欧氏解M^+，以及它们的作用量

下一张图（图5.6）标出了度规g_0的作用量对波函数的贡献。当∑的半径比$\frac{1}{H}$小时，波函数以e^{a^2}的形式指数地增大。然而，当a比$\frac{1}{H}$还大时，我们可以对更小半径a的结果做解析连续，而得到非常快速振荡的波函数。

人们可对波函数做如下解释。具有Λ项和最大对称性的爱因斯坦实时解是德西特空间。它可以被作为一个旋转双曲面被嵌入五维闵可夫斯基空间中（见方框5.A）。人们可以把它考虑成一个闭合宇宙，这个宇宙从无限尺度收缩到一个极小半径，然后又呈指数地膨胀。这个度规可以写成带有尺度因子为$\cosh Ht$的弗里德曼形式。代换$\tau=\mathrm{i}t$把cosh变成cos给出了具有半径$\frac{1}{H}$的四维球的欧氏度规（见方框5.B）。这样，人们得知，当波函数随三度规h_{ij}以指数方式变化时，它就对应于虚时间欧氏度规。另一方面，波函数快速振荡对

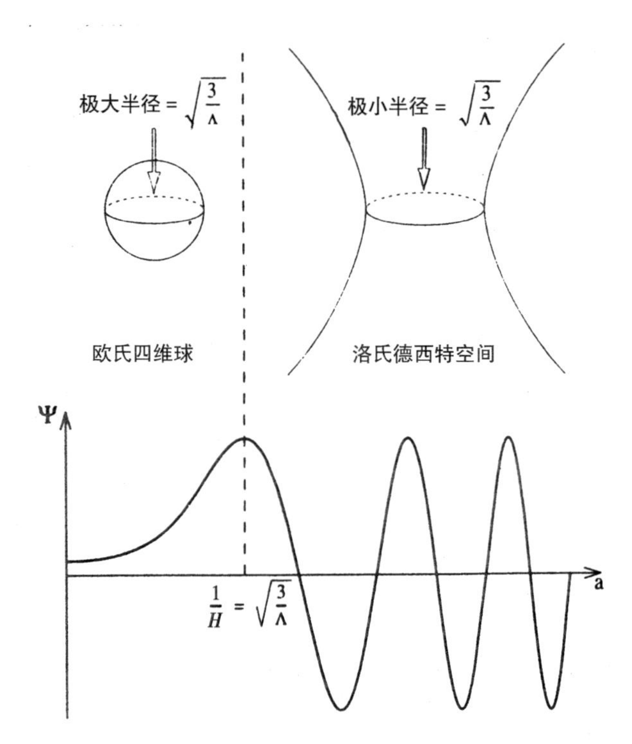

图5.6 波函数作为∑的半径的函数

应于实时间洛氏度规。

正如在黑洞对产生的情形，人们可以描述一个指数膨胀宇宙的自发创生。人们把欧氏四维球的下半部和洛氏旋转双曲面连接起来（图5.7）。和黑洞对产生的情形不同的是，人们不能说德西特宇宙是从一个预先存在的空间中的场能创生出来的。相反的，可以相当准确地按字面意义上说，宇宙是由无创生出来的：不仅仅是从真空出来，而根本是从绝对的无中出来，因为在宇宙之外没有任何东西。在欧氏范畴，德西特宇宙只不过是一个闭合的空间，正如地球的表面，只不过多了

方框5.A.洛氏德西特度规

$$ds^2 = -dt^2 + \frac{1}{H^2}\cos h^2 Ht[dr^2 + \sin^2 r(d\theta^2 + \sin^2\theta d\phi^2)]$$

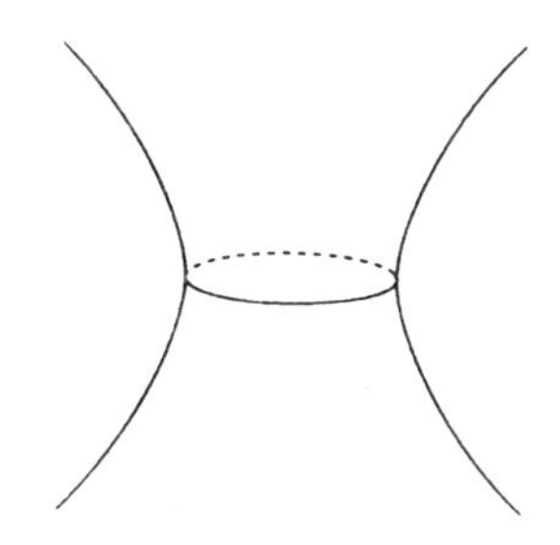

方框5.B.欧氏度规

$$ds^2 = d\tau^2 + \frac{1}{H^2}\cos^2 H\tau[dr^2 + \sin^2 r(d\theta^2 + \sin^2\theta d\phi^2)]$$

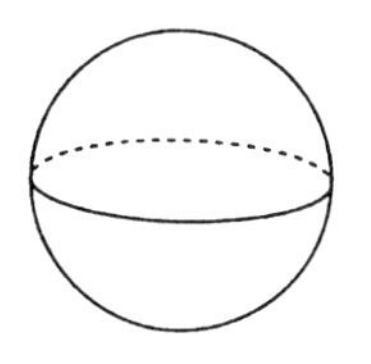

两维而已。如果宇宙常数比普朗克值小，欧氏四维球的曲率应该很小。这表明路径积分的鞍点近似是可靠的，而且不会因为我们忽视在非常高曲率下所发生的而影响宇宙波函数的计算。

人们还可以对不是完美的三维球度规的边界解场方程。如果三维球的半径比 $\frac{1}{H}$ 小，则解为实的欧氏度规。和具有相同体积的完美的三维球相比较，作用量是实的而且波函数呈指数式衰减。如果三维球

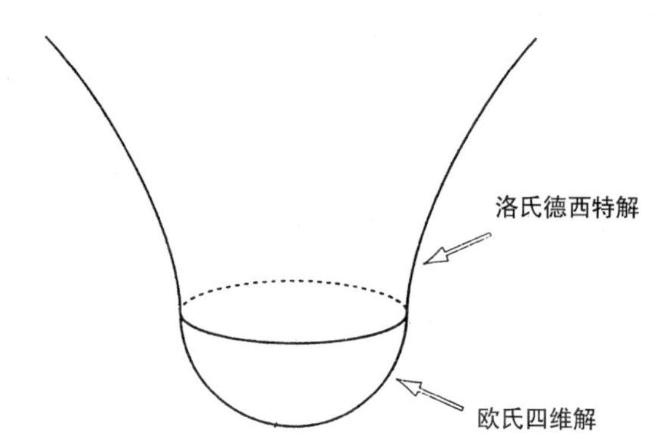

图5.7 用半个欧氏解和半个洛氏解连接来描述产生膨胀宇宙的隧道效应

的半径比这个临界半径大，则存在两个复共轭解，而波函数将会随h_{ij}的微小变化而快速振荡。

在宇宙中做的任何测量都可以按照波函数来表述。这样，无边界假设使宇宙学成为科学，因为人们可以预言任何观察的结果。我们刚才考虑的没有物质场只有宇宙常数的情形不对应于我们生活其中的宇宙。尽管如此，它是个有用例子，不仅因为它是一个简单的并能相当显明地解出的模型，而且我们将要看到，它对应于宇宙的早期阶段。

虽然从波函数看并不明显，但一个德西特宇宙和黑洞相当类似地具有热性。把德西特度规写成和史瓦西解相当类似的静态形式就能看到这一点（见方框5.C）。

在$r=\dfrac{1}{H}$处有一表观奇性。然而，正如在史瓦西解的情形，人们用坐标变换可以把它排除，而它对应于一个事件视界。这可以从卡

方框5.C.　德西特度规的静态形式

$$ds^2=-(1-H^2r^2)dt^2+(1-H^2r^2)^{-1}dr^2$$
$$+r^2(d\theta^2+\sin^2\theta d\phi^2)$$

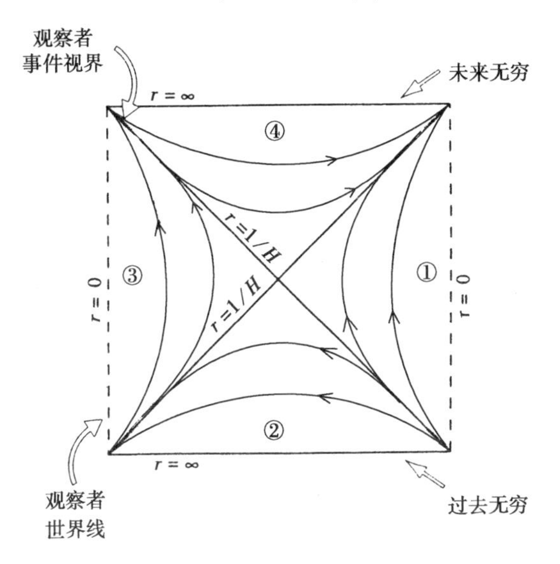

特-彭罗斯图上看到，它是一个正方形。左边的点垂直线代表球对称中心，在这儿二维球的半径r为零。另一个球对称中心由右边的点垂直线代表。在顶上和底下的水平线代表过去和将来的无穷，在这个情形下它们是类空的。从左上方到右下方的对角线是在左手对称中心的观察者过去的边界。这样，它可以称作事件视界。然而，一位世界线在未来无穷的其他地方终结的观察者具有不同的事件视界。这样，在德西特空间中事件视界是个人的事物。

如果人们回到德西特度规的静态形式，并且令$\tau = it$便得到欧氏度规。在视界上有一表观奇性。然而，只要定义一个新的径向坐标并且在τ坐标以周期$\frac{2\pi}{H}$来等同，就得到一个规则的欧氏度规，它刚好是四维球。因为虚时间坐标是周期性的，所以德西特空间和在它之上的所有量子场的行为就好像它们具有温度$\frac{H}{2\pi}$似的。正如我们将要看到的，我们在微波背景的起伏中可以观察到这个温度的后果。人们还可以像处理黑洞那样，对欧氏德西特解的作用量进行论证。他会发现它具有内禀熵$\frac{\pi}{H^2}$，这正是事件视界面积的四分之一。这个熵又是因拓扑原因引起的：四维球的欧拉数为二。这表明在欧氏德西特空间中不可能有全局时间坐标。人们可以把这一宇宙熵解释成观察者对在他的事件视界之外的宇宙知识的缺失。

具有周期$\frac{2\pi}{H}$的欧氏度规

$$\Rightarrow \begin{cases} 温度 = \dfrac{H}{2\pi} \\ 事件视界面积 = \dfrac{4\pi}{H^2} \\ 熵 = \dfrac{\pi}{H^2} \end{cases}$$

德西特空间不是我们生活于其中的宇宙的好模型，因为它是空的而且在呈指数地膨胀。我们观察到宇宙包含物质，而且我们从微波背景和轻元素丰度推出，它在过去必须更热更密得多。和我们观察一致的最简单的方案便是所谓的“热大爆炸”模型（图5.8）。在这个场景中，宇宙在充满具有无限温度的辐射的一个奇性启始。随着它的膨胀，辐射冷却而且能量密度降低。最后，辐射的能量密度比非相对性物质的密度还低，而膨胀变成物质占主导的了。然而，我们仍然可以在微波辐射的背景中看到辐射的残余，它具有大约比绝对零度高3K的温度。

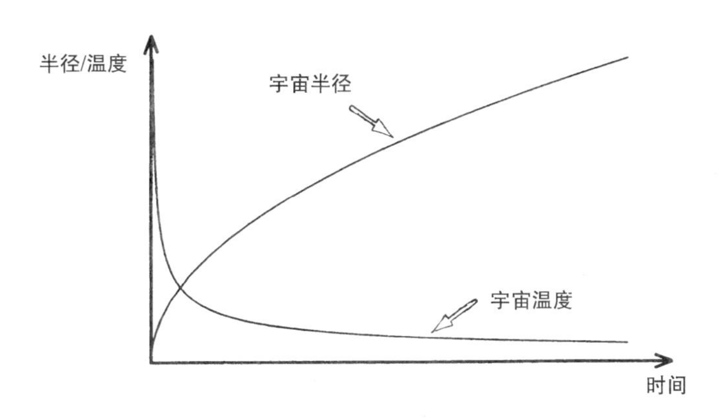

图5.8　在热大爆炸模型中宇宙半径和温度作为时间的函数

热大爆炸模型的麻烦正是所有宇宙学的麻烦，它没有初始条件的理论：它没有预言能力。因为广义相对论在奇性处失效，从大爆炸可以冒出任何东西来。这样，为何宇宙在大范围内是如此的均匀和各向同性，却还有诸如星系和恒星这样的局部无规性呢？为何宇宙是如此接近于重新坍缩和无限膨胀之间的分界线呢？为了使它像现状这么接近，早期的膨胀率必须不可思议地精确选定。如果在大爆炸后1秒其膨胀率小了10^{-10}，则宇宙在几百万年之后就应坍缩。如果它大了10^{-10}，宇宙就会在几百万年之后基本上是空的。在任何情形下都不会有足够时间让生命得以发展。这样，人们要么必须求助于人存原理，要么必须寻找物理学的解释，说明宇宙为何是这种样子的。

热大爆炸模型不能解释为何：

1. 宇宙几乎是均匀和各向同性的，但是却具有小微扰。
2. 宇宙在以几乎刚好避免重新坍缩的临界率膨胀。

有些人宣布，所谓的暴涨能够使初始条件理论成为多余。其思想是宇宙在大爆炸时可以从几乎任意状态启始。在宇宙中具有合适条件的部分会出现叫作暴涨的指数膨胀时期。这个不仅使该区域尺度增加一个巨大的达到10^{30}或更多的倍数，并且还使该区域既均匀又各向同性，还使它以刚好避免再坍缩的临界速率膨胀。他们还声称只有在暴涨区域智慧生命才得以发展。因此，对我们的区域如此之均匀以及各向同性，还刚好以临界速率膨胀，不应感到惊讶。

然而，光用暴涨不能解释宇宙的现状。人们要看到这一点很容易，只要取现在宇宙的任何态并让它向时间的过去演化。假定它包含足够物质，则奇性定理表明，在过去存在有奇性。人们可以在大爆炸选取这个模型的初始条件作为宇宙初始条件。人们以这种方法可以指出，大爆炸处的任意初始条件能导致现在的任何状态。人们甚至不能争辩道大多数初始条件会导致像我们今天观察到的状态：无论是导致像还是不像我们宇宙的初始条件的自然测度都是无限的。所以人们不能断言何者测度更大些。

另一方面，我们看到在具有宇宙常数但没有物质场的引力情形，无边界条件会导致一个在量子理论极限内可被预言的宇宙。这个特殊的模型并不描述我们生活于其中的宇宙，我们的宇宙充满了物质而且具有零值或者非常小的宇宙常数。然而，人们可以抛弃宇宙常数并包括进物质场以得到一个更现实的模型。尤其是似乎需要一个具有势$V(\phi)$的标量场ϕ。我将假定V在$\phi=0$时有一为零的极小值。简单的例子便是具有势$V=\frac{1}{2}m^2\phi^2$的有质标量场（图5.9）。

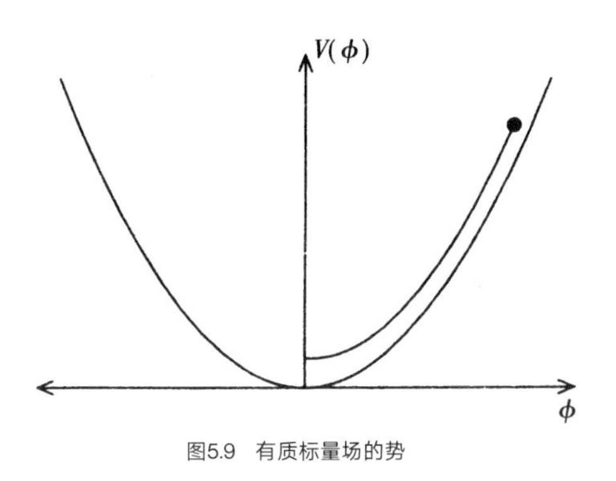

图5.9　有质标量场的势

人们从能量动量张量可以看到，如果ϕ的梯度很小，则 $V(\phi)$ 就像一个有效宇宙常数那样起作用。

标量场的能量动量张量

$$T_{ab}=\phi,_{a}\phi,_{b}-\frac{1}{2}g_{ab}\phi,_{c}\phi,c-g_{ab}V(\phi)$$

现在波函数不仅依赖于导出度规h_{ij}，而且依赖于ϕ在$\sum$上的值ϕ_0。对于小的三维圆球面以及大的ϕ_0值，人们可以解场方程。具有这种边界的解近似地为四维球的一部分，以及几乎为常数的ϕ场。这就像德西特情形，而势 $V(\phi_0)$ 起着宇宙常数的作用。类似的，如果三维球的半径a比欧氏四维球的半径还大，将存在一对复共轭解。这些就像半个欧氏四维球连接到洛氏德西特解上去，而标量场ϕ几乎保持常数。这样，无边界假设不仅在德西特情形而且在这个模型中，预言了一个指数膨胀宇宙的自发创生。

现在人们可以考察这个模型的演化。和德西特情形不同，它不继续无限地呈指数膨胀下去。标量场将从势V的山上滚下来到达它极小值即$\phi=0$处。然而，如果ϕ的初始值比普朗克值更大，则滚下的速率就比膨胀的时间尺度更慢。当标量场降低到一的数量级，它就开始在$\phi=0$附近振荡。对于大多数势V，这种振荡比膨胀时间快。人们通常假定，这些标量场振荡的能量会转变成其他粒子对，并把宇宙加热上去。然而，这一些要依时间箭头的假设而定。我会很快地回到这一点上来。

宇宙在经历了巨大倍数的指数膨胀之后就具有几乎恰好的临界膨胀率。这样，无边界假设就能解释，为何现在宇宙仍然这么接近于临界膨胀率。为了研究它对宇宙均匀性和各向同性的预言，人们必须考虑对完美的三维球度规微扰的三度规h_{ij}。人们可以把它按照球谐函数展开。它们共有三类：标量谐波、矢量谐波以及张量谐波。而矢量谐波只不过对应于连续的三维球上的坐标x_i的改变，并不起任何动力学作用。张量谐波对应于在膨胀宇宙中的引力波，而标量谐波一部分对应于坐标自由度，另一部分对应于密度微扰。

张量谐波——引力波
矢量谐波——规范
标量谐波——密度微扰

人们可以把波函数表成半径为a的完美三维球的度规的波函数乘上各谐波系数的波函数的乘积：

$$\psi[h_{ij},\phi_0]=\psi_0(a,\bar{\phi})\psi_a(a_n)\psi_b(b_n)\psi_c(c_n)\psi_d(d_n)$$

然后人们把波函数的惠勒-德威特方程按半径a和平均标量场$\bar{\phi}$展开到无穷多阶，但是按照微扰只展开到第一阶。人们就得到一系列相对于背景度规的时间坐标的微扰改变率的波函数要满足的薛定谔方程。

薛定谔方程

$$i\hbar\frac{\partial\psi(d_n)}{\partial t}=\frac{1}{2a^3}\left(-\frac{\partial^2}{\partial d_n^2}+n^2d_n^2a^4\right)\psi(d_n)\text{，}$$

等等。

人们可以利用无边界条件去获得这些微扰波函数的初始条件。人们对一个小的但是稍微变形的三维球解场方程。这就得到在指数膨胀时期的微扰波函数。然后可以利用薛定谔方程去演化之。

对应于引力波的张量谐波考虑起来最为简单。它们不具有任何规范自由度而且和物质微扰不直接相互作用。人们可以利用无边界条件在被微扰的度规中去解张量谐波的系数d_n的初始波函数。

基态

$$\psi(d_n)\propto e^{-\frac{1}{2}na^2d_n^2}=e^{-\frac{1}{2}\omega x^2}$$

$$\text{此处 } x=a^{\frac{3}{2}}d_n \text{ 以及 } \omega=\frac{n}{a}$$

人们发现，它正是一个谐振子在引力波频率下的基态波函数。该频率随宇宙膨胀而下降。当频率比膨胀率a/a更大时，薛定谔方程允许波函数绝热地松弛而该模式将停留在它的基态。然而，频率最终会变得小于膨胀率，膨胀率在指数膨胀期间大体为常数。当频率变得比膨胀率更小时，薛定谔方程不再能足够快地改变波函数，使得它在频率改变时仍然维持在基态，相反的，它将把原先的波函数形状凝固。

在指数膨胀时期之后，膨胀率比模式的频率下降得更快。这等效于说，观察者事件视界，也就是膨胀率的倒数比模式的波长增大得更快。这样，波长将会在暴涨期间变得比视界还长，而且后来又会回到视界之内（图5.10）。到这一时刻，波函数仍然和波函数凝固时一样。然而，其频率是低得多了。因此波函数对应于高度激发态，而不是波函数凝固时的基态。引力波模式的这些量子激发产生微波背景的角度起伏，其幅度是波函数凝固时（在普朗克单位）的膨胀率。这样，宇宙背景探索者在微波背景上观测到10^{-5}的起伏，为在波函数凝固之时的能量密度设下了大约10^{-10}普朗克单位的上限。这个值低到足以保证我用过的近似十分准确。

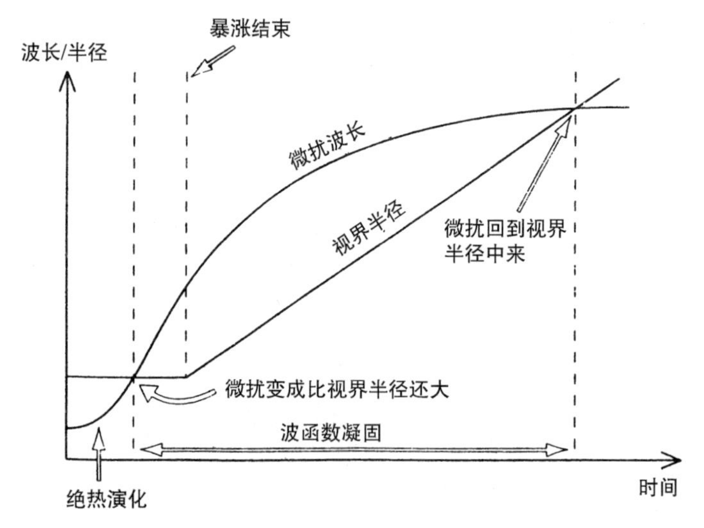

图5.10　在暴涨中波长和视界半径是时间的函数

然而，引力波张量谐波只为凝固时间的密度立下上限。其缘由是，标量谐波引起微波背景的更大起伏。在三度规h_{ij}中有两个标量谐波自由度，在标量场中有一个。然而，其中的两个对应于坐标自由度。这样，只存在一个物理的标量自由度，而它对应于密度微扰。

如果人们对直至波函数凝固之前和之后各选取一个坐标，则可以对标量谐波采取和对张量谐波非常类似的分析方法。在从一个坐标向另一坐标系统变换之中，其幅度被放大的因子是膨胀率除以ϕ的平均变化率。这个因子依赖于势的斜率，但是对于合理的势至少为十。这表明密度微扰产生的微波背景起伏起码比引力波产生的大十倍。这样在波函数凝固时刻的能量密度的上限只有普朗克密度的10^{-12}。这就很安全地处于我使用过的近似的有效范围之内。这样看来，甚至对于宇宙的开初我们也不需要弦理论。

随角度大小的起伏的谱，在当前观测的精度内和几乎与张角无关的预言相符。而密度微扰的大小刚好是需要来解释星系和恒星的形成。这样看来，无边界假设能解释宇宙的所有结构，包括像我们这样的微小的非均匀性。

宇宙背景探索者预言 $\Rightarrow$ 能量密度上限

加上引力波微扰　　10^{-10}普朗克密度

加上密度微扰　　$\Rightarrow$ 能量密度上限

10^{-12}普朗克密度

早期宇宙内在引力温度$\approx 10^{-6}$普朗克温度 $= 10^{26}$度

人们可以认为微波背景的微扰是由标量场ϕ的热起伏引起的。暴涨时期具有膨胀率除以2π的温度，因为它在虚时间方向近似地呈周期性。这样，在某种意义上，我们不需要寻找微小的太初黑洞：我们已经观测到大约10^{26}度的，或者10^{-6}倍的普朗克温度的内禀引力温度。

关于和宇宙事件视界相关的内禀熵能说些什么呢？我们能观察到这个吗？我想我们能，而且我认为它对应于这个事实，即像星系和恒星这样的物体是经典物体，尽管它们是由量子起伏形成的。如果人们在一个类空表面$\sum$看宇宙，这个表面在某一时刻横贯整个宇宙，则宇宙处于由波函数Ψ描写的单独的量子态中。然而，我们永远看不到比$\sum$的一半更多，而且我们对于在我们过去光锥之外的宇宙是什么模样完全无知。这意味着在计算观察的概率之时，我们必须把$\sum$上我们不能观测到的部分的所有可能性求和（图5.11）。求和的效应是把我们观测的宇宙的部分从一个单独量子态改变成所谓的*混合态*，即不同可能性的统计系统。如果一个系统具有经典的而非量子的方式行为，这种所谓的离析是必须的。人们通常把离析归因于与诸如热库的不被测量的外界系统相互作用。在宇宙的情形中不存在外界系统，但是我

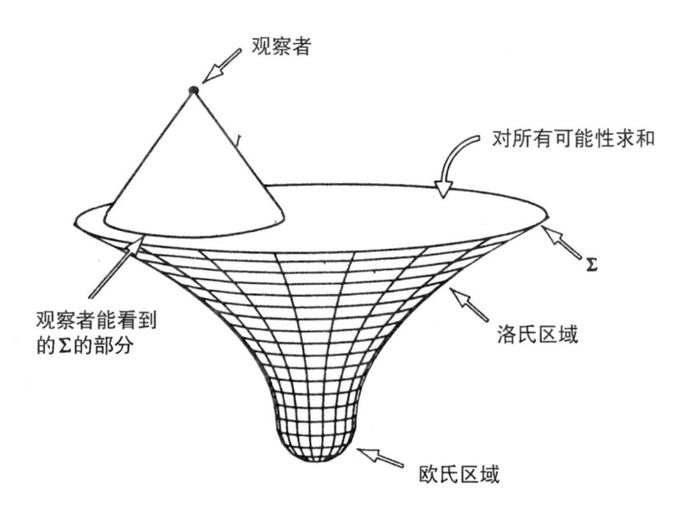

图5.11 一位观察者只能看到任何表面$\sum$的部分

提议，我们观察到经典行为的原因是因为我们只能看到宇宙的部分。人们也许会认为，在以后的时刻他能看到全部宇宙而且事件视界会消失。但是事情并非如此。无边界假设表明宇宙是在空间上闭合的。一个闭合宇宙将会在观察者看到整个宇宙之前重新坍缩。我曾经尝试证明，这样一个宇宙的熵在它最大膨胀时刻应为其事件视界面积的1/4（图5.12）。然而，我在此刻似乎得到3/16的因子，而不是1/4。很明显，我要么弄错了，要么丢掉什么了。

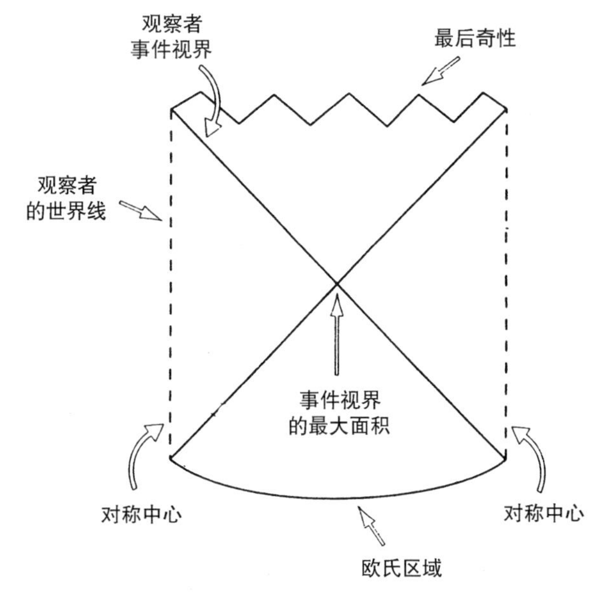

图5.12　在观察者能看到整个宇宙之前，它就坍缩到最后的奇性

我要在罗杰和我意见非常分歧的一个论题上结束这次讲演——时间箭头。宇宙里我们区域中在向前和向后方向存在非常清楚的区别。人们只要把影片往回倒即能看到这个差别。杯子不是从桌沿落下并粉碎，而是碎片自己拼补好并跳回到桌子上。如果真实生活都像这样就

好了。

物理场服从的局部定律是时间对称的，或者更精确点说，是CPT不变的。这样，在过去和将来之间观察到的差别应该来自于宇宙的边界条件。让我们接受宇宙是在空间上闭合的，而且它膨胀到最大尺度然后再坍缩。正如罗杰强调的，在这个历史的两端宇宙是非常不同的。在我们叫作宇宙开端的，似乎曾经非常光滑而且规则。然而，我们预料当它重新坍缩时，会变成非常无序和无规，因为存在比有序的配置多得太多的无序的配置，这表明初始条件曾经被不可思议地精密地选定过的。

因此，似乎在时间的两端必须有不同的边界条件。罗杰的设想是，在时间的一端而不是另一端外尔张量必须为零。外尔张量是时空曲率中不由物质通过爱因斯坦方程定域决定的那部分。它在光滑的有序的早期阶段曾经很小，但是在坍缩的宇宙中很大。这样这个假设把时间的两端区分开来并因此可以解释时间的箭头（图5.13）。

我以为罗杰的假设中的外尔张量是在不止一层含义上来说的。首先，它不是CPT不变的。罗杰把这当作优点，而我却觉得除非有不得已的理由去抛弃对称，我们应当坚持之。正如我要论证的，不必要放弃CPT。其次，如果在早期宇宙外尔张量一度准确地为零，那时宇宙就应是完全均匀且各向同性的而且会在所有的时刻保持如此。罗杰的外尔假设既不能解释背景中的起伏，也不能解释产生星系以及像我们身体这样的微扰。

对外尔张量假设的异议

1.不是CPT不变的。

2.外尔张量不能一度准确为零。不能解释小起伏。

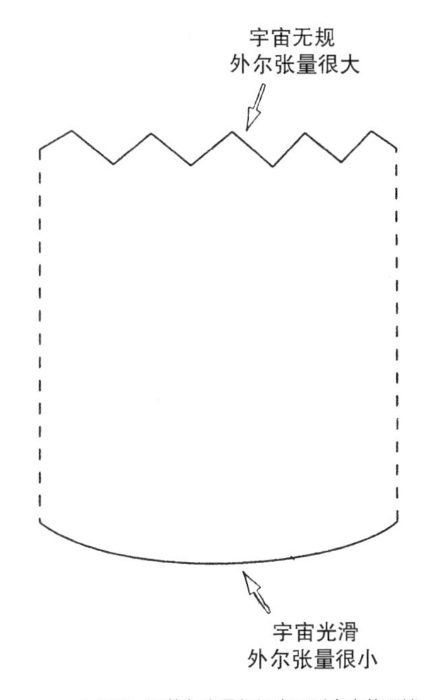

图5.13　用外尔张量假设来区别宇宙的两端

尽管这一切，我以为罗杰抓住了时间两端的一个重要差别。但是外尔张量在一端很小的事实不能被当作一个特别的边界条件而应从一个更基本的原则，即无边界假设推出。正如我们已经看到的，这意味着在围绕着半个欧氏四维球和半个洛氏德西特解相接的背景的微扰处于它们的基态。那就是说，它们是和不确定原理相一致的尽量小的状态。这个就隐含着罗杰外尔张量条件：外尔张量不是精确地为零，它是尽可能地接近于零。

我起先认为：这些有关微扰处于它们基态的论证可适用于膨胀收缩循环的两端。宇宙从光滑和有序启始，而随着膨胀变得更无序和无规。然而，我以为当它变小时又必须回到一种光滑和有序的状态。这就意味着在收缩相热力学时间箭头要反向。杯子又会自己拼凑好并跳到桌子上来。随着宇宙重新缩小，人们越活越年轻，而不是越活越老。由于等待宇宙重新坍缩需要太长时间，所以等到那时返回青春是无望的。但是如果当宇宙收缩时，时间箭头反向，那么在黑洞之内也应反向。可是，我不想提倡将跳进一个黑洞作为一个人延年益寿的好办法。

我写了一篇文章宣称，当宇宙重新收缩时，时间箭头会反向。但是之后和当·佩奇以及雷蒙·拉弗勒蒙的一番讨论使我信服，我犯了最大的错误，或者是我在物理学上的最大错误：宇宙不在坍缩中回到光滑的状态。这表明时间箭头并不反向。它会继续像在膨胀相中一样指向相同方向。

时间的两个端点何以这么不同呢？为何在一端微扰必须很小，而另一端却不？其原因是，场方程存在配合微小三维球边界的两个可能的复数解。一个正是我早先描述过的：它是近似地用半个欧氏四维球和洛氏德西特解的一个小部分相连接（图5.14）。另一种可能解是以同样的半欧氏四维球连接到一个洛氏解上，该洛氏解膨胀到非常大的半径，然后再收缩到给定边界的小半径（图5.15）。很显然，一个解对应于时间的一端，而另一个解对应于另一端。这两个端点之间的差别来自于这个事实，在第一个仅具有很短的洛氏时期的解的情形，三度规h_{ij}的微扰衰减得很厉害。然而，在膨胀又收缩的解的情形，微扰可以非常大并不被显著地衰减。这就引起了罗杰指出的时间两端之间的差别。宇宙在一端非常光滑并且外尔张量非常小。然而，它不能准确地为零，因为那样会违反不确定性原理。相反的，存在很小的起伏，这些起伏后来成长为星系以及像我们这样的身体。与此成鲜明对比的是，在时间的另一端点，宇宙会非常无规而且混沌，外尔张量极其巨大。这就解释了观察到的时间箭头以及为何杯子从桌子滑落粉碎而非拼凑好再跳上来。

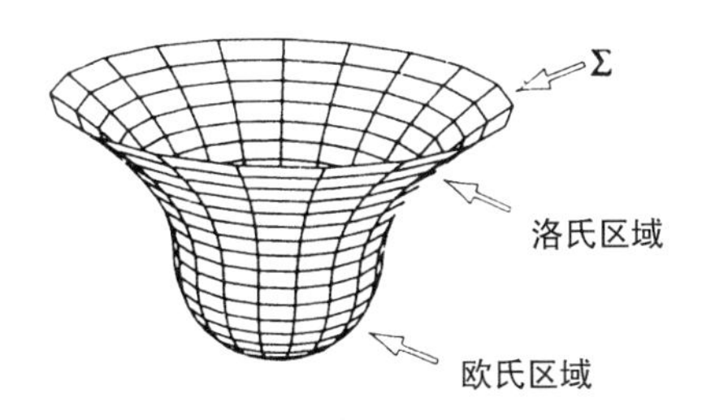

图5.14　半个欧氏四维球连接到一个小的洛氏区域

由于时间箭头不准备反向——而我已经超过时间——我最好结束讲演。我强调了我在时空研究中获悉的自认为两个最显著的特点：①引力弯曲时空，使它有一个开端和一个终结；②因为引力本身确定它作用其上的流形的拓扑，这就导致在引力和热力学之间存在一个深刻的关联。

时空正曲率产生奇性，经典广义相对论在奇性处失效。宇宙监督可以为我们防御黑洞的奇性，但是大爆炸奇性赤裸裸地暴露在我们面前。经典广义相对论不能预言宇宙如何开端。然而，量子广义相对论和无边界假设一道，预言了我们观察到的宇宙，而且甚至似乎预言了

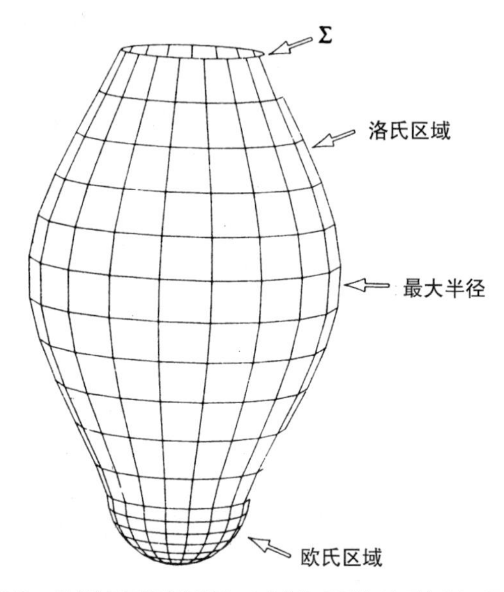

图5.15　半个欧氏四维球连接到一个小的洛氏区域，该区域膨胀到最大半径然后重新收缩

在微波背景中观察到的起伏的谱。然而，虽然量子理论恢复了经典理论丧失了的预言性，但它并没有完全做到。因为存在黑洞和宇宙事件视界，我们不能看到整个时空，我们观察由量子态的系综而不是一个单独的态描述。这就引进了额外水平的不可预见性，但它也还可能是使宇宙看起来是经典的原因。这也许能把薛定谔猫于半死半活之间拯救出来。

从物理学中把可预见性取消，然后在一种减少的程度上又把它恢复，这是一桩相当成功的故事。我的话完了。

第 6 章 时空的扭量观点

罗杰 · 彭罗斯

让我首先对史蒂芬上回讲演做点评论。

• 猫的经典性。 史蒂芬论证道，由于时空的一定区域不能触及，我们被迫使用密度矩阵的描述。然而，这不足以解释在我们区域观察的经典性质。对应于找到或者一只活猫|活⟩或者一只死猫|死⟩的密度矩阵和描述以下两种叠加的混合的密度矩阵相同

$$\frac{1}{\sqrt{2}}(|活\rangle+|死\rangle)$$

和

$$\frac{1}{\sqrt{2}}(|活\rangle-|死\rangle)。$$

这样，密度矩阵本身不能说，我们不是看到活猫便是死猫，或者是这两种叠加之一种。正如我试图在上一次讲演末尾所论证的，我们需要更多的。

• 外尔曲率假设（WCH）。 从我对史蒂芬立场的理解，我认为在这一点上我们的争议不太大。对于初始奇性外尔曲率近似为零，而终结奇性具有大的外尔曲率。史蒂芬争论道，在初始状态必须有小的量子起伏，并因此指出初始外尔曲率准确为零的假设不合理。我认为这

不是真正的异议。在初始奇性的外尔曲率为零的说法是经典的，而在假设的精密叙述上肯定有商榷的余地。从我的观点，小起伏是可以接受的，在量子范畴肯定是这样的。人们还预料在早期宇宙的里奇张量（由于物质引起的）热起伏，而且它可能最终导致通过金斯不稳定性形成10^6太阳质量的黑洞。在这些黑洞的奇性邻近具有大的外尔曲率，但这些是终极形态而非初始形态的奇性，这些和WCH相一致。

我同意史蒂芬说的，WCH是“植物的”，也就是唯象的而不是解释的。它需要一个根本理论去解释之。哈特尔和霍金的“无边界假设”（NBP）也许是初始态结构的好的候选者。然而，我觉得我们需要某种非常不同的东西去对付终结态。特别是，一个解释奇性结构的理论必须违反T，PT，CT以及CPT，才能产生某些具有WCH性质的东西。时间失称可能是相当微妙的；它必须隐含在超越量子力学的理论的规则之中。史蒂芬论断，按照量子场论的著名定理，人们应预料理论是CPT不变的。然而，这个定理的证明中假定QFT的通常规则行得通，而且背景空间是平坦的。我认为，史蒂芬和我都同意，第二个条件不成立，而且我还相信第一个假设失败。

我还觉得，史蒂芬提出的无边界假设的观点并不能排除白洞的存在。如果我正确地理解史蒂芬的观点，那么无边界假设意味着基本上存在两种解：解（A）中从奇性出来的微扰增大，以及解（B）中微扰衰减消失。（A）基本上对应于大爆炸，而（B）描写黑洞奇性和大挤压。确定热力学第二定律的时间箭头从解（A）过渡到解（B）。然而，我看不出这个无边界假设的解释何以排除（B）类型的白洞。我担心的另一个分开的问题是“欧几里得化过程”。史蒂芬的论证依赖如下事实，即人们可以把一个欧氏解和一个洛氏解粘在一起。然而，只有对非常少数的空间人们才可以这么做，因为它们必须不但有欧氏的而且有洛氏的截面。而一般情形肯定离此很远。

扭量和扭量空间

量子场论中使用欧几里得化的真正根源在何处呢？量子场论需要把场论分解成正频和负频部分。前者沿时间前进方向传播，而后者向后传播。为了得到理论的传播子，人们需要一种把正频率（也就是正能）部分挑出来的办法。扭量理论是完成这种分解的一个不同的框架——事实上，这种分解正是扭量的一个重要的原始动机（见彭罗斯，1986）。

为了仔细地解释，让我们首先考虑作为量子理论基础的复数，我们将会发现复数结构也是时空结构的基础。这些就是$z = x + \mathrm{i}y$形式的数，这儿x，y为实数，而i满足$\mathrm{i}^2 = -1$，把这种数的集合表为$\mathbb{C}$。人们可以在一个平面（复平面）上把这些数表达出来，或者如果加上无限远的一点，则可在一个球面（黎曼球）上表达出来。这个球面在数学的许多领域，例如分析和几何中，是非常有用的概念，在物理学中也是如此。该球面可被投影到一个平面（和在无限远的一点）上。取一个通过球面赤道的平面，并把球面上的任意点和南极相连。这根线和平面的交点E是它在平面上的对应点。注意：在这个映射下北极跑到原点，南极跑到无限远，而实轴被映射到通过南北二极的一个垂直的圆周。我们可以旋转球面使实轴对应于赤道，我在此刻便采用这样的习惯（见图6.1）。

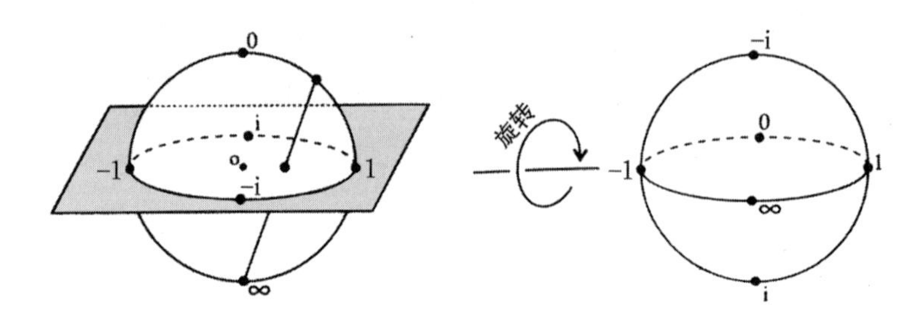

图6.1 黎曼球代表所有复数以及∞

假定我们有一个实变量x的复值函数$f(x)$。从上面得知，我们可以把f认为是一个在赤道上定义的函数。这种观点的一个优点是，存在一个决定f为正频还是负频的自然判据：如果$f(x)$可在北半球上被解析开拓，则它是一个正频函数，而它若可在南半球上被开拓，则是一个负频函数。一个一般函数可分解成正、负频部分。扭量理论的观念是以全局的方式把这个技术用到时空本身上去。在闵可夫斯基时空上给出一个场，我们要把它类似地分解成正、负频部分。我们将要建立扭量空间，作为理解这个分解的途径（见彭罗斯和林德勒，1986以及休格特和托德，1985，以对扭量有更多了解）。

让我们在讨论细节之前，考虑黎曼球在物理学中的两个重要作用。

1.具有自旋$\frac{1}{2}$的粒子的波函数可以是“上”和“下”的一个线性叠加：

$$\omega|\uparrow\rangle+z|\downarrow\rangle。$$

在黎曼球上这一状态可由点z/ω来代表，而且这一点对应于自旋的从中心出发和球面相交的正轴（首先归功于马约拉纳，还可参阅彭罗斯，1994，他们还用黎曼球上更复杂的结构来代表更高的自旋）。这就把量子力学的复数幅度和时空结构相联系（图6.2）。

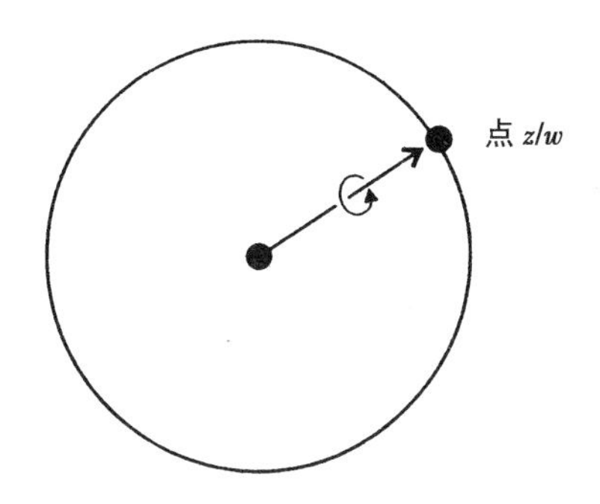

图6.2 自旋$\frac{1}{2}$粒子的自旋方向的空间是比z/ω的黎曼球，此处ω和z分别代表向上和向下的自旋的幅度

2.想象位于时空一点的观察者，向着太空观星。假定她在一个球面画出这些恒星的角位置。现在，如果第二个观察者同时穿过同一点，但和第一观察者之间有一相对速度，那么由于光行差效应，他会在球面上把这恒星在不同的位置画出。令人惊讶的是，球面上的点不同位置可由一个称为莫比乌斯变换的特殊变换相关联。这类变换精确地形成了维持黎曼球的复数结构的解。这样，通过一个时空点的光线空间，在一种自然意义上是黎曼球。此外，我发现它非常漂亮，联结具有不同速度观察者物理的基本对称群，也就是（受限制的）洛伦兹群，可以作为最简单的一维（复的）流形，黎曼球的自同构群而实现（见图6.3以及彭罗斯和林德勒，1984）。

扭量理论的基本观念是试图开发这种在量子力学和时空结构中的联系——正如在黎曼球中所显示的——把这个观念推广到整个

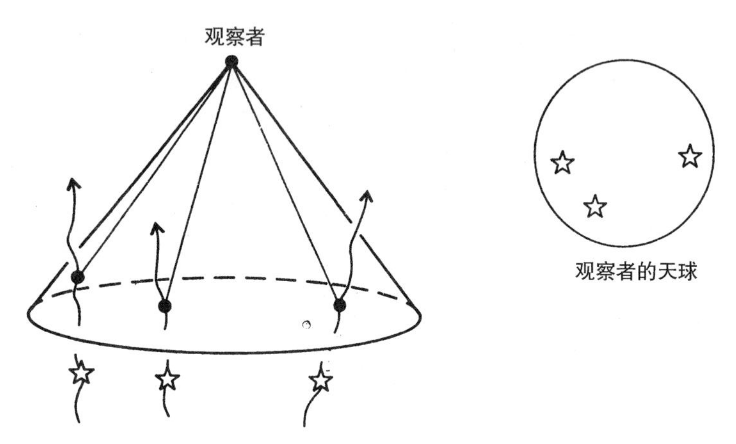

图6.3 在相对论中一个观察者的天球自然地成为一个黎曼球

时空。我们将要把整个光线当成甚至比时空点更基本的对象。这样，我们把时空认为是从属的概念，而把扭量空间——原先是光线空间——认为是更基本空间。这两种空间由一种对应相关联，时空中的光线在扭量空间中用点来代表。而时空中的点用通过它的光线集合来代表。这样，时空中的一点在扭量空间中变成一个黎曼球。我们应该把扭量空间当作按照它来描述物理的空间（图6.4）。

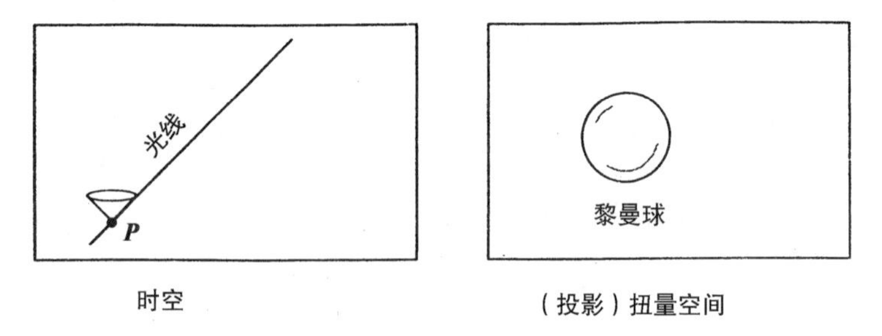

图6.4 在基本的扭量对应中，（闵可夫斯基）时空中的光线用（投影）扭量空间中的点来代表，而时空的点用黎曼球来代表

直到现在我所介绍的扭量空间有（实的）五维，由于复空间总是（实的）偶数维，所以扭量空间不能是复空间。如果我们把光线认为是光子历史，我们还需要计入光子的能量和螺旋度，螺旋度可以是左手或者右手。这比仅仅一道光线复杂了一些，但是其优点是我们最终可以用复的投影三空间（实的六维）$\mathbb{CP}_3$。这就是投影扭量空间（$\mathbb{P}$T）。它具有五维的子空间$\mathbb{P}$N，$\mathbb{P}$N把空间$\mathbb{P}$T分解成两个部分：左手部分$\mathbb{P}T^-$和右手部分$\mathbb{P}T^+$。

现在，时空中的点由四个实数给出，而投影扭量空间以四个复数的比为坐标。如果在扭量空间中由（Z^0, Z^1, Z^2, Z^3）代表的一根光线通过时空中的点（r^0, r^1, r^2, r^3），那么它们必须满足投射关系

$$\begin{pmatrix} Z^0 \\ Z^1 \end{pmatrix} = \frac{\mathrm{i}}{\sqrt{2}} \begin{pmatrix} r^0 + r^3 & r^1 + \mathrm{i}r^2 \\ r^1 + \mathrm{i}r^2 & r^0 - r^3 \end{pmatrix} \quad \begin{pmatrix} Z^2 \\ Z^3 \end{pmatrix} \tag{6.1}$$

投射关系（6.1）提供了扭量对应的基础。

我需要引进某种二旋量记号。这是通常人们开始发生混淆之处，但是为了计算细节，这种记录极其便利。对任何四矢量r^a定义量$r^{AA'}$，其分量矩阵由下式给出

$$r^{AA'} = \begin{pmatrix} r^{00'} & r^{01'} \\ r^{10'} & r^{11'} \end{pmatrix} = \frac{1}{\sqrt{2}} \begin{pmatrix} r^0 + r^3 & r^1 + \mathrm{i}r^2 \\ r^1 - \mathrm{i}r^2 & r^0 - r^3 \end{pmatrix}。$$

r^a为实的条件即是$r^{AA'}$为厄米的。扭量空间中的一点由如下分量的两个旋量所定义

$$\omega^{A} \equiv \begin{pmatrix} \omega^{1} \\ \omega^{2} \end{pmatrix} = \begin{pmatrix} Z^{0} \\ Z^{1} \end{pmatrix} \qquad \pi_{A'} \equiv \begin{pmatrix} \pi'_{0} \\ \pi'_{1} \end{pmatrix} = \begin{pmatrix} Z^{2} \\ Z^{3} \end{pmatrix} 。$$

投射关系（6.1）就变成

$$\omega = ir\pi 。$$

应该提到的是，在原点移动之时，亦即

$$r^{a} \to r^{a} - Q^{a} ,$$

我们有

$$\omega^{A} \to \omega^{A} - \mathrm{i}Q^{AA'}\pi_{A'},$$

此处$\pi_{A'}$保持不变：

$$\pi_{A'} \to \pi_{A'} 。$$

扭量代表零质量粒子动量四分量p_a（其中三个是独立的）以及角动量六分量M^{ab}（其中四个与这些是独立的）。它们可被表达成

$$p_{AA'} = \mathrm{i}\bar{\pi}_{A}\pi_{A'}, \ M^{AA'BB'} = \mathrm{i}\omega^{(A}\bar{\pi}^{B)}\varepsilon^{A'B'} - \mathrm{i}\varepsilon^{AB}\bar{\omega}^{(A'}\pi^{B')},$$

这儿括号表示对称部分，而ε^{AB}和$\varepsilon^{A'B'}$ 是斜列维–西维塔符号。这些表达式体现了如下事实，即动量p_a是零性的而且指向未来，而且泡利–鲁班斯基自旋矢量等于螺旋度s乘以四动量。这些量把扭量变量（ω^{A}，$\pi_{A'}$）确定至一个整体扭量相因子。螺旋度可表为

$$s = \frac{1}{2}Z^{\alpha}\bar{Z}_{\alpha} ,$$

这儿扭量 $Z^{\alpha} = (\omega^{A}, \pi_{A'})$ 的复共轭为对偶扭量 $\bar{Z}_{\alpha} = (\bar{\pi}_{A}, \bar{\omega}_{A'})$ （注意复共轭把带分号和不带分号的旋量指标相互交换，而且它把扭量和它

们的对偶相交换）。这儿，$s>0$对应于右手粒子，也就是我们当作扭量空间的上半部$\mathbb{P}\mathbb{T}^{+}$，而$s<0$对应于左手粒子，即下半部$\mathbb{P}\mathbb{T}^{-}$。正是在$s=0$情形我们得到实际的光线（因此$\mathbb{P}\mathbb{N}$也即光线的方程为$Z^{\alpha}\bar{Z}_{\alpha}=0$，也就是$\omega^{A}\bar{\pi}_{A}+\pi_{A'}\bar{\omega}^{A'}=0$）。

量子的扭量

我们希望得到扭量的量子理论，为此我们必需定义扭量波函数，在扭量空间上的复值函数$f(Z^{\alpha})$。由于Z^{α}包含有涉及位置变量和所有动量变量的分量，而我们在一个波函数中同时使用所有这些，所以任意函数$f(Z^{\alpha})$不能先验地作为一个波函数。位置和动量不对易。在扭量空间中其对易关系是

$$\left[Z^{\alpha},\bar{Z}_{\beta}\right]=\hbar\delta_{\beta}^{\alpha}\quad \left[Z^{\alpha},Z^{\beta}\right]=0\quad \left[\bar{Z}_{\alpha},\bar{Z}_{\beta}\right]=0\ 。$$

这样Z^{α}和$\bar{Z}_{\alpha}$为共轭变量，而波函数必须是其中的一个而不是两个变量的函数。这表明波函数必须是Z^{α}的解析（或反解析）函数。

现在我们必须检查前述的表达式如何依赖于算符顺序。人们发现动量和角动量的表达式和次序无关，因而是正则地确定的。另一方面，螺旋度的表达式和次序有关，我们必须采用正确定义。为此我们必须取对称的积，也就是

$$s=\frac{1}{4}(Z^{\alpha}\bar{Z}_{\alpha}+\bar{Z}_{\alpha}Z^{\alpha})\ ,$$

它在Z^{α}空间表象中，可以重新表达成

$$s=\frac{\hbar}{2}\left(-2-Z^{\alpha}\frac{\partial}{\partial Z^{\alpha}}\right)$$

$$=\frac{\hbar}{2}(-2-Z^{\alpha}\text{的齐次度})。$$

我们能把波函数分解成s的本征态。这刚好是确定的齐次性的波函数。例如，零自旋并具有零螺旋度粒子是齐次性为–2的扭量波函数。一个左手自旋$\frac{1}{2}$粒子具有螺旋度$s=-\frac{\hbar}{2}$，因而其扭量波函数具有齐次性–1，而这种粒子的右手版本（螺旋度$s=\frac{\hbar}{2}$）具有齐次性–3的扭量波函数。对于自旋2的右手和左手扭量波函数，其相应的齐次性为–6和+2。

这也许显得有些向一方倾斜，因为广义相对论毕竟是左右对称的。但是自然本身是左右不对称，所以这也不见得有那么坏。此外，在广义相对论中的一个非常强有力的工具，即阿什特卡的“新变量”也是左右不对称的。有趣的是，这些不同的方式都会导致这种左右不对称性。

人们也许认为，我们只要改变$Z^{\alpha}\leftrightarrow\bar{Z}_{\alpha}$就能恢复对称性，颠倒齐次性的表，然后对一种螺旋度用Z^{α}，另一种用$\bar{Z}_{\alpha}$。然而，正如在通常的量子力学中，我们不能同时混合位置和动量空间表象，类似的，我们不能混合Z^{α}和$\bar{Z}_{\alpha}$表象。我们必须二者择一。究竟哪一个更基本尚未知。

下一步我们要得到$f(Z)$的时空描述。这可由围道积分来实现

$$\left\{\begin{matrix}\phi_{A'\cdots G'}(r)\\ \text{或}\\ \phi_{A\cdots G}(r)\end{matrix}\right\}=\int_{\omega=\mathrm{i}r\pi}\left\{\begin{matrix}\pi_{A'}\cdots\pi_{G'}\\ \text{或}\\ \dfrac{\partial}{\partial\omega^{A}}\cdots\dfrac{\partial}{\partial\omega^{G}}\end{matrix}\right\}f\left(Z^{\alpha}\right)\pi_{E'}\mathrm{d}\pi^{E'},$$

此处积分是沿着投射到r的Z空间的围道进行（记住Z有ω和π两部分），而π或者$\partial/\partial\omega$的数目依场的自旋（以及手征）而定。这一方程定义了一个时空场$\phi\cdots$（r），它自动满足零质量粒子的场方程。这样，扭量场的解析性限制，至少对于平坦空间中的线性场，或者爱因斯坦场的弱能极限载有所有的零质量粒子的繁琐的场方程的密码。

时空中点r在几何学上是一根扭量空间中的$\mathbb{CP}_1$线（它是一个黎曼球）。这根线必须穿过$f(Z)$定义的区域。一般来说$f(Z)$不是处处定义的，而且具有奇性的地方（我们正是围绕着这些奇性区域对围道积分求值）。在数学上更精密地讲，一个扭量波函数是一个上同调元。为了理解它，考虑我们感兴趣的扭量空间区域的开邻域的族。扭量函数应在这些开集对的交上被定义。这表明，它是第一束上同调的一个元素。我不想仔细讨论这些，但是“束上同调”听起来怪吓人的。

回想起我们真正需要的，是和量子场论相类似，找出一种从场幅度分离正频和负频的方法。如果一个定义在$\mathbb{P}\mathrm{N}$上的扭量函数（作为第一上同调元）延拓到扭量空间的上一半$\mathbb{P}\mathrm{T}^{+}$，它就具有正频。如果它开拓到下一半$\mathbb{P}\mathrm{T}^{-}$上，它便具有负频。这样，扭量空间就抓住了正频、负频的概念。

这种分解允许我们在扭量空间中开展量子物理。安德鲁·霍奇斯

（1982，1985，1990）利用扭量图发展了一种量子场论的手段，该图类似于时空中的费因曼图。利用这些，他得到某种非常不同寻常的使量子场论正规化的方法。这是一些在正常时空方法中人们不想采用的方案，但在扭量表象中则非常自然。另一进展是，原先起源于迈克·辛格的一个新观点（霍奇斯·彭罗斯和辛格，1989）也受到共形场论（CFT）的刺激。史蒂芬在他第一次讲演中对弦理论进行了一些非常贬义的评论，但是我认为CFT，作为弦理论在世界片上的场论是非常漂亮的（虽然不全部是物理的）理论。它是被定义在任意的黎曼面上（黎曼球是其中最简单的例子，但是其中包括所有一复数维的诸如圆环和“扭结麻花”的流形）。对于扭量我们需要把CFT推广到具有三复数维的流形，其边界为许多片PN（也就是时空中的光线空间）。这个领域的研究正在进行之中，但是还进展得不快。

弯曲空间的扭量

我们迄今所做的一切只和平坦时空相关，但是我们知道时空是弯曲的；我们需要一种扭量理论，它可适用于弯曲时空，并以自然的方式重新导出爱因斯坦方程。

如果时空流形是共形平坦的（或者换句话说，如果它的外尔张量为零），则用扭量来描写这个空间没有任何问题，因为扭量理论基本上是共形不变的。还存在一些适用于各种共形不平坦时空的扭量观念，譬如准定域质量的定义（彭罗斯，1982；参阅托德，1990），以及伍德豪斯-梅森（1988；还可参见弗莱彻和伍德豪斯，1990）对稳态轴对称真空的构造（这是基于沃德1977年的在平坦时空上反自对偶杨-米尔斯场的构造；还可参阅沃德，1983)；这是应用在可积分系统的非常一般的扭量方法的一部分（参阅即将出版的梅森和伍德豪斯的书，1996）。

然而，我们希望能够对付更一般的时空。对于一个具有反自对偶外尔张量（也就是外尔张量的自对偶一半为零）的复化（或欧氏化）的时空$\mathcal{M}$，存在一个构造——所谓的非线性引力子构造——能充分地讨论这个问题（彭罗斯，1976）。让我们看这是怎么进行的。取一根线的管状领域，或者类似的某些东西（例如上一半或正频部分$\mathbf{P}T^{+}$）组成的扭量空间的一部分，而且把它切成两个或更多个小块，然后把它们粘在一块，只不过相对之间移动一些。一般来说，在原先空间P中的直线在新空间$\mathcal{P}$中断开。然而我们能寻找新的解析曲线去取代原先（现在断的）直线，假定这些曲线光滑地接在一起。假定从P到$\mathcal{P}$的变形不是太大，用这种办法得到的解析曲线和原先的线——属于同样的拓扑的族——形成一个四维的族。代表这些解析曲线的点的空间是我们反自对偶（复的）“时空”$\mathcal{M}$（图6.5）。现在我们能把爱因斯坦真空方程（里奇平坦性）编码成$\mathcal{P}$必须是在投影线$\mathbb{C}\mathbf{P}_1$上的一个解析纤维化的条件（以及其他一些缓和条件）。只要把$\mathcal{P}$和P变形表达成自由解析函数就可以达到这一切，而在原则上弯曲时空$\mathcal{M}$的所有信息都被编码在这些函数之中（虽然在$\mathcal{P}$上找到所需要的解析曲线可能是很困难的）。

我们真正要解完整的爱因斯坦方程（而上面的构造只解决了减缩的问题，由于外尔张量的一半为零），但是这问题显然是困难的，在过去的20年间许多尝试都失败了。然而，我在前几年尝试一种新的

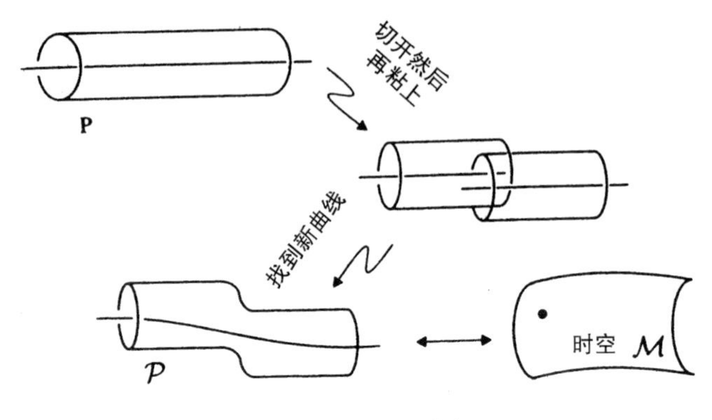

图6.5 非线性引力子构造

方法(参阅彭罗斯,1992)。虽然我还没有解决这个问题,但是看起来是迄今最有希望的方法。人们发现在扭量和爱因斯坦方程之中确有深刻的关系。从下面的两个观察中可以看到这一点:

1.爱因斯坦真空方程$R_{ab}=0$也是具有螺旋度$s=\dfrac{3}{2}$的零质量场的和谐条件(当该场按照势给出时)。

2.在平坦时空中$s=\dfrac{3}{2}$场的荷的空间刚好是扭量空间。大体上可以如下实现这个规划:给定一个里奇平坦时空(也就是$R_{ab}=0$),人们必须去找在它上面的$s=\dfrac{3}{2}$的场的荷空间(这不是轻而易举的事情)。这就是该里奇平坦时空的扭量空间。第二步是利用自由解析函数去建造这样的扭量空间,最后,在每种情形下从这个扭量空间重建原先的时空流形。

我们预料到这个扭量空间不是线性的,因为当我们重建时空时,它必须给出弯曲的结构。此外，由于无论是$s=\frac{3}{2}$场的荷还是它的势都是非定域的，所以这种构造必然是以一种微妙的方式高度地非定域的。可以预料到这有助于解释诸如在我上一次讲演（第4章）中讨论的爱因斯坦-帕多尔斯基-罗逊实验的非定域物理。这些实验表明，在时空中距离遥远的物体可以某种方式相互“纠缠”在一起。

扭量宇宙学

我想对宇宙学和扭量做一些评论以结束这次讲演，虽然它是相当尝试性的。我说过，在过去奇性处外尔曲率张量必须为零，而且时空在那儿必须几乎是共形平坦的。这表明，初始态的扭量描述非常简单。随着时间的推进，这个描述将越来越复杂，而外尔曲率变得越发浓密。这种类型的行为和在宇宙几何中观察到的时间非对称相一致。

从扭量理论的复解析观念出发，更倾向于一个$k<0$的导致开放宇宙的大爆炸（史蒂芬更倾向于一个闭合的宇宙）。其原因是只有在一个$k<0$的宇宙中，初始奇性的对称群是一个解析群，也就是刚好是黎曼球$\mathbb{CP}_1$的解析自变换的莫比乌斯群（也就是限制的洛伦兹群）。这正是开创扭量理论的同样的群。因此，为了扭量观念的原因，我肯定倾心于$k<0$。由于这只不过是基于观念之上，倘若将来发现宇宙事实上是闭合的，我当然可能收回这种看法！

问答

问：螺旋度$\frac{3}{2}$态有什么物理意义？

答：这个方法的自旋$\frac{3}{2}$没有实际的物理场，不如说是为了定义扭量引进的辅助场。我认为它不是人们能够发现的粒子场。另一方面，从超对称的观点看，它是引力子的超伴侣。

问：在扭量观点中，你上次讲的时间非对称的**R**过程在何处出现？

答：你必须意识到，扭量理论是一种非常保守的理论，它还没有触及这个问题。我非常希望看到在扭量理论中出现时间非对称，但是在此刻我不知道从何而来。然而，如果人们完全实现这个规划，它肯定会出现，也许以一种和右/左反对称那样类似的模糊方式出现。还有，安德鲁·霍奇斯的正规化方案的方法在技术上引进了时间非对称，但是关于这一点尘埃尚未落定。

问：哪种非线性的量子场论和扭量理论最贴切？

答：迄今（在扭量规划的框架中）主要分析了标准模型。

问：弦理论显明地预言了粒子的谱。这出现在扭量理论的何处？

答：我不知道粒子谱最终如何出现，虽然关于这一点已有一些线索。无论如何，我很高兴获知弦理论“显明地预言了粒子谱”。我的观点是直到我们在扭量框架中理解了广义相对论后，我们才能解决这个问题，因为质量和广义相对论关系紧密。但是，在某种意义上，这也是弦理论的观点。

问：什么是扭量理论关于连续/非连续的观点？

答：扭量理论的另一早期动机是自旋网络的理论，在这种理论中人们努力从分立的组合的量子规则建立起空间。人们也可以从分立的东西建立起扭量理论。然而，这么多年来，潮流已经从组合方法移到解析方法，但是这并不表明分立观点是劣等的。也许在分立概念和解析观念中存在深刻的联系，但是这一点还没有以任何清晰的方式显露出来。

第 7 章 辩论

史蒂芬 · 霍金和罗杰 · 彭罗斯

史蒂芬 · 霍金

这些讲演非常清晰地显示了罗杰和我之间的差别。他是柏拉图主义者，而我是实证主义者。他担心薛定谔猫处于半活半死的量子态中。他觉得这和实际不相符。但是我对此无动于衷。因为我不知道实际是什么，所以我不要求理论与之相符。实际不是某种你能用石蕊试纸检验的品质。我所关心的一切是理论应能预言测量结果。在这一点上量子理论是非常成功的。它预言出，观察的结果是猫非死即活。这就像你不能怀孕一点儿：非此即彼。

就像罗杰这样的人士，且不提那些动物解放阵线，反对薛定谔猫的原因是，由 $\frac{1}{\sqrt{2}}$（猫活+猫死）所代表的态似乎是荒谬的。为何不是 $\frac{1}{\sqrt{2}}$（猫活–猫死）呢？另一种说法是在猫死和猫活之间似乎不存在任何干涉。因为人们可以把粒子和他不测量的环境绝缘得很好，所以在通过不同缝隙的粒子间能得到干涉。但是人们无法把像猫这么大的的东西和通常电磁场携带的分子之间的力隔离开。人们不必求助量子引力去解释薛定谔猫或者神经的运作。它是误入歧途的。

我并没有认真建议说，宇宙事件视界是薛定谔猫作为经典动物非死即活而不是两者组合的原因。正如我说过的，要把猫和屋子里其余东西隔离开来是非常困难的，所以人们不必去忧虑遥远的宇宙。我所说的全部是，即便我们可以巨大的精度观察到微波背景的起伏，它们仍会显得具有经典统计分布。我们检测不到任何量子态性质，诸如不同模式起伏之间的干涉或者相关性。当我们谈论整个宇宙时，我们没有像在薛定谔猫情形下的外界环境，但是因为我们不能看到整个宇宙，所以我们仍然得到离析和经典行为。

罗杰对我使用欧氏方法表示疑问。他尤其反对我把欧氏几何连接到洛氏几何上的画图。正如他正确指出的，只对于非常特殊的情形这才有可能：一个一般的洛氏时空在其复化的流形中没有其度规为实的正定的或者欧氏的截面。然而，甚至对于非引力场的情形这也是对欧氏路径积分方法的误解。让我们以杨-米尔斯情况作例子，这是已被理解清楚的情形了。人们在这儿从闵可夫斯基空间中的所有杨-米尔斯联络求和的路径积分$e^{i\cdot\text{作用量}}$开始。这个积分振荡而且不收敛。为了得到良好行为的路径积分，人们引进虚时间坐标$\tau=-it$进行维克旋转而过渡到欧氏空间。积分元就变成$e^{-\text{欧氏作用量}}$，然后人们做对在欧氏空间中的所有实联络求和的路径积分。一般来说，在欧氏空间为实的联络在闵可夫斯基空间中不再是实的，但是那不要紧。其思想是对在欧氏空间中的所有实联络求和的路径积分和对在闵可夫斯基空间中所有实联络求和的路径积分等价。正如在量子引力的情形，人们可以利用鞍点法对杨-米尔斯路径积分求值。这里的鞍点解是杨-米尔斯瞬息子，对此罗杰和扭量规划费了大量功夫进行分类。杨-米尔斯瞬息子在欧氏空间是实的。但是它们在闵可夫斯基空间是复的。这不要紧，它们仍然给出了诸如弱电重子产生这样物理过程的速率。

量子引力的情形是类似的。人们在这里可以让路径积分对所有正定的或欧氏度规而不是洛氏度规求和。如果人们允许引力场具有不同拓扑，这样做的确是必需的。人们只有在具有零欧拉数的流形上才能赋予洛氏度规。但是，正如我们看到的，像内禀熵这样有趣的量子引办效应正是出现于具有非零欧拉数而不允许洛氏度规的时空流形上。还存在引力的欧氏作用量没有下界的问题，似乎路径积分不收敛。然而，人们可以在复围道上，对共形因子积分以挽救之。这是无聊的，但是我认为这种行为和规范自由有关，而且当我们知道合适地进行路径积分时会被抵消掉。产生这个问题的物理原因是：因为引力是吸引的，所以引力势能是负的。这样，它会以某种形式在任何量子引力论中出现。如果弦理论能走到那么远，它也会在那里出现。弦理论迄今的表现相当悲惨：它甚至不能描述太阳结构，更不用说黑洞了。

在攻击了一通弦理论后，让我回到欧氏方法和无边界条件上。虽然路径积分是对正定实度规求和，其鞍点却可能是复度规。在宇宙论中当三维面∑大于某一非常小尺度时这就会发生。虽然我把度规描写成半个欧氏四维球连接到洛氏度规上，这只不过是一个近似。实际的鞍点度规是复的。这可能使像罗杰这样的柏拉图主义者不悦，但是像我这样的实证主义者是可以接受的。人们观察不到鞍点度规。人们能观察到的一切是从它计算出的波函数，而这对应于实的洛氏度规。我对罗杰反对我使用欧氏和复时空有点惊讶。他在他的扭量规划中使用复时空。其实，正是罗杰有关正频率是解析的评论引导我发展欧氏量子引力规划。我愿宣布，这个规划已经做出了两个可被观测检验的预言。弦理论或者扭量规划做出了多少预言?

罗杰觉得通过**R**过程进行观测或测量,波函数的坍缩把CPT的违反引进物理学。他认为至少在两种情形下这种违反起作用:宇宙学和黑洞。我同意,我们可以采取与有关观察同样的方式引进时间非对称。但是我完全拒绝这样的思想,存在某些对应于波函数坍缩的物理过程,或者这和量子引力或者意识有何相关。对我来说,这好像是魔术,而非科学。

我已经在我的讲演中解释了,为何我认为无边界假设能在没有任何违反CPT的情形解释了宇宙中观察到的时间箭头。我现在要解释为什么,和罗杰不同,我认为黑洞不牵涉到任何时间非对称。在经典广义相对论中,黑洞被定义成物体能落进去而没有东西可以跑出来的区域。人们会问,还存在白洞,也就是物体能跑出来而没有东西可以落进去的区域吗?我的回答是,虽然在经典理论中黑洞和白洞非常不同,在量子理论中它们却是相同的。量子理论把黑洞和白洞之间的差别排除了:黑洞能辐射,而白洞能吸收。我愿意提议:我们称作黑洞的,是大的经典的而且是非大量辐射的区域。另一方面,一个小的正发出大量量子辐射的洞正是我们所预料的白洞的行为。

我将用罗杰提到过的理想实验来解释黑洞和白洞是相同的。人们在具有完全反射壁的非常大的盒子中放置一定的能量。该能量以各种方式分布在盒子内可能状态之中。两种可能的情形对应于态的绝大多数。它们是盒子充满了热辐射或者一个黑洞和这些热辐射相平衡。哪种情形具有更多的微观态依盒子尺度以及能量多少而定。但是人们可以选择这些参数使得两种情形对应于大略相同数目的微观态。人们可以预料，该盒子在这两种情形之间徘徊不已。该盒子有时只包含热辐射，而在另一时刻辐射的热起伏使大量粒子处于一个小区域内，而形成黑洞（图7.1）。再过一段时间，因为起伏从黑洞发出的辐射可能上涨或者吸收可能下降，该黑洞就会蒸发以至消失。这样，盒子中的系统各态历经地在相空间中徘徊：有时黑洞出现，而有时黑洞又消失了（图7.2）。

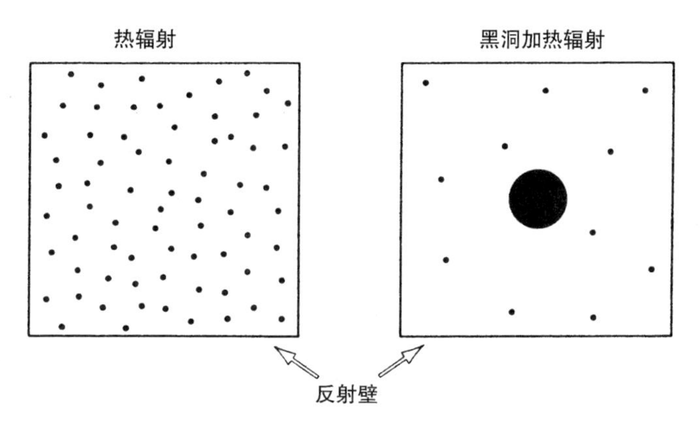

图7.1　包含固定能量的盒子或者只包含热辐射，或者包含一个和热辐射处于平衡的黑洞

罗杰和我一致同意，盒子以正如我所描述的方式行为。但是我们在两点上不一致。首先，罗杰相信，在这个黑洞的出现和消失的循环中相空间体积和信息会丧失；其次，该过程不是时间对称的。关于第一点，罗杰似乎觉得，黑洞无毛定理隐含着相空间体积的丧失，因为坍缩粒子的许多不同的配置产生同样的黑洞。他建议，**R**过程，也就是波函数坍缩引起相空间体积的补偿增益。我不清楚这个**R**过程从何而来。在盒子中没有观察者，而且我对说它是自发的不表同情，除非

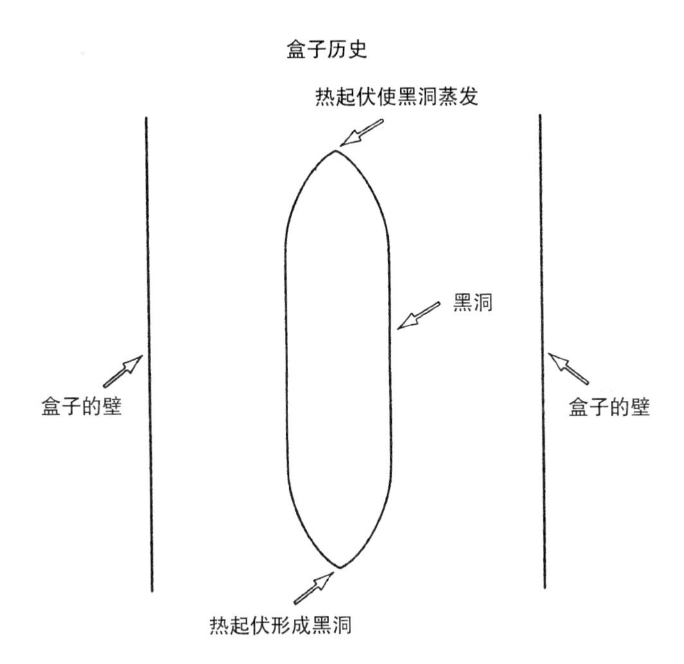

图7.2 黑洞因热起伏出现并消失

有人提出计算它的方法。否则的话，它只不过是魔术。我无论如何不能同意相空间体积的丧失。如果你说黑洞具有等于 $e^{\frac{1}{4}A}$ 的数目的态，那就没有相空间体积丧失。而且在一个像盒子这样的系统中没有它能在任何态的信息。这样就没有信息丧失。

关于我们第二个争议，我相信黑洞的出现和消失是时间对称的。那就是，如果你对盒子录影，再倒过来放，会显得是相同的。在时间的一个方向，你看到黑洞出现并消失。在另一个方向，你看到白洞——黑洞的时间反演——出现并消失。如果白洞和黑洞相同的话，这两个图像可以相同。这样，没有必要因为盒子的行为而去求助CPT

的违反（图7.3）。

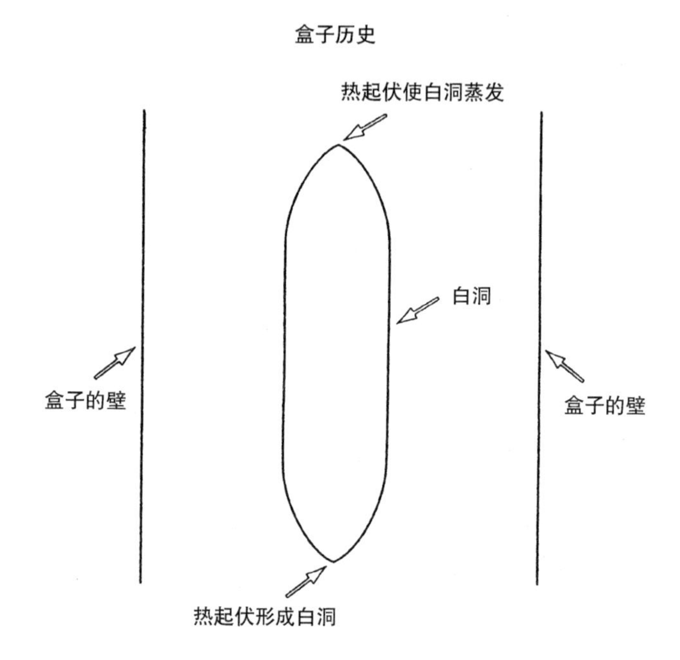

图7.3 白洞因热起伏出现并消失

起初无论是罗杰还是当·佩奇都拒绝我的建议，即盒子里的黑洞的形成和蒸发是时间对称的。然而，当现在已回心转意了。我正在期待罗杰也这么做。

罗杰·彭罗斯回答

让我首先说明，在我们之间意见一致之处比意见差异之处更多。然而，在一些（基本的）观点上我们不能达到共识，所以我在下面集中讨论这些。

猫等

无论“实在”会是什么，人们都必须解释他如何感知世界的。量子力学没有做到这一点，所以人们必须把某种东西附加到量子力学上去——某种不包含在量子力学标准规则的东西。尤其是，我觉得史蒂芬并没有明白我有关猫的问题的评论。问题不在于信息丧失意味着系统必须由密度矩阵来描述，而是比如两个密度矩阵

$$D=\frac{1}{4}\left(|活\rangle+|死\rangle\right)\left(\langle活|+\langle死|\right)+\frac{1}{4}\left(|活\rangle-|死\rangle\right)\left(\langle活|-\langle死|\right) \tag{7.1}$$

和

$$D=\frac{1}{2}|活\rangle\langle活|+\frac{1}{2}|死\rangle\langle死| \tag{7.2}$$

是相等的。因此，我们必须解决为何我们感觉到猫非活即死，而从未感觉到一种叠加。我觉得在这些问题上，哲学是重要的，但它没有回答这个问题。

我觉得为了解释我们在量子力学框架中如何感知世界，我们将需要以下理论中的一种（甚至两种）：

（A）经验的理论。

（B）真正物理行为的理论。

事实上，让观察者参与进来，［在上面（7.1）情形下］相应的态矢量各自具有以下形式

$$\frac{1}{2}\left(|活\rangle\pm|死\rangle\right)\left(|观察者见到活猫\rangle\pm|观察者见到死猫\rangle\right) \tag{7.3}$$

那么第一种选择（A）就必须排斥第二个因式中的叠加的可能性，因为这种认知态是不允许的。另一方面，要求（B）排斥第一个因式中的叠加。在我自己的图像中，这些大尺度叠加是不稳定的，它们必须迅速地（自发地）衰变成|活〉和|死〉两种态中的一个。我相信史蒂芬一定是一位A-支持者〔霍金：否〕，因为他不是一位B-支持者。由于我相信采纳（A）是很危险的，这会导致无穷无尽的麻烦，所以我是坚定的B-支持者。尤其是，一位A-支持者需要精神或神经或某种类似东西的理论。史蒂芬似乎既非A-支持者，也非B-支持者，我对此很惊讶；我在等待他对此进行评论。

维克旋转

这在量子场论中是有用的工具。人们把t用it来替换意味着时间轴的旋转。这就把闵可夫斯基空间翻译成欧氏空间。它的用处起源于如下事实，在欧氏理论中某些表达式（譬如路径积分）可被更好地定义。在量子场论中维克旋转是一个很好驾御的工作，至少在人们把它应用于平坦（或稳态）时空时是如此。

史蒂芬把“维克旋转”运用到洛氏度规（以得到欧氏度规的空间）的思想肯定是非常有趣和天才的，但是这个步骤和把维克旋转在量子场论中的运用非常不同。它真正是在不同水平上的一种“维克旋转”。

无边界假设是一个非常美好的假设，并且看来肯定和外尔曲率假设相关。然而，以我的观点，无边界假设离解释过去奇性具有小的外尔曲率，而未来奇性具有大的外尔曲率还很遥远。这是我们在我们的宇宙中观察到的，而且我相信史蒂芬在观察方面和我取相同意见。

相空间丧失

我认为，史蒂芬和我都同意在黑洞中有信息丧失，但是关于黑洞相空间丧失的问题有分歧。史蒂芬宣布**R**过程仅仅是魔术而非物理。显然对这一点我不能苟同；我认为在我的第二次讲演中已经解释了，为什么这是合理的，而且给出了态减缩应发生的速率的确定设想，也就是时间

$$T \sim \frac{\hbar}{E} \quad (7.4)$$

我还认为他的黑洞图是非常误导的。他应该画卡特图，然后可以明显看出不是时间对称的。看来他和我都同意信息丧失，但是我还相信相空间体积减小。此外，如果整个框架是时间对称的，我们应允许有白洞，这是许多东西能跑出来的区域，而这至少和外尔曲率假设不一致，和热力学第二定律不一致，而且可能和观察也不一致。这个问题和“量子引力”允许何种奇性的问题紧密相关。我认为，理论必须隐含有时间非对称。

史蒂芬·霍金

罗杰为薛定谔可怜的猫担忧。在今天这样的理想实验不是政治上正确的。罗杰之所以关心是因为具有猫活和猫死等概率的密度矩阵也具有猫活+猫死和猫活-猫死的等概率。为何我们观察到猫非死即活，而不是观察到猫活+猫死或猫活-猫死呢？究竟是什么东西为我们观察挑出了活和死的轴，而不是活+死和活-死呢？我首先要指出的是，只有当密度矩阵的本征值恰巧相等时，人们才遇到其本征态的含糊。如果活或死的概率稍有差别，本征态就不会有任何含糊之处。作为密度矩阵的本征态的一组基可以和其他的基区分开来。那么为何自然选取密度矩阵按照活/死基对角化，而不按照（活+死）/（活-死）基对角化呢？其答案是，态猫活和态猫死在客观水平上的不同起因于像子弹的位置以及猫身上的伤口这类的东西。当你一直追踪到你看不到的事物，譬如说空气分子的扰动，在态猫活和态猫死之间的任何观察量矩阵元都将平均为零。这就是为何人们观察到猫非死即活，而不是二者的线性组合。这只不过是通常的量子力学。人们不需要新的测量理论，更不需要量子引力。

让我们回到量子引力上来。罗杰似乎接受无边界假设能解释早期宇宙的小外尔张量。然而，他对它能否解释预料在黑洞引力坍缩以及整个宇宙坍缩中出现的大外尔张量表示疑问。我以为这又是因为对无边界假设的误解引起的。罗杰会同意，存在从几乎光滑的早期宇宙开始的，并在引力坍缩中发展成高度无规的洛氏解。人们可能把这些洛氏度规和在早期宇宙中的半个欧氏四维球连接起来。这就给出了在坍缩中高度变形三维几何的波函数的近似鞍点（图7.4）。当然，正如我早先说过的，其准确的鞍点度规是复的，既不是欧氏的，也不是洛氏的。尽管如此，正如我描述过的，在很好的近似下，人们可把它分成几乎欧氏和几乎洛氏的区域。其欧氏区域只和半个完美的四维球稍有差别。这样，其欧氏作用量只比半个完美四维球的稍大一些，后者对应于均匀的各向同性的宇宙。其洛氏部分和均匀的各向同性的解差异非常大。然而，这个洛氏部分的作用量只改变波函数的相，而不影响其幅度。这由欧氏部分的作用量给出，而且几乎和三维几何如何变形无关。这样，所有三维几何在引力坍缩中都同等可能，而人们会典型地得到具有大的外尔曲率的非常无规的度规。我希望这会使罗杰以及任何其他人对此事信服，即无边界假设既能解释早期宇宙是光滑的，又能解释引力坍缩是无规的。

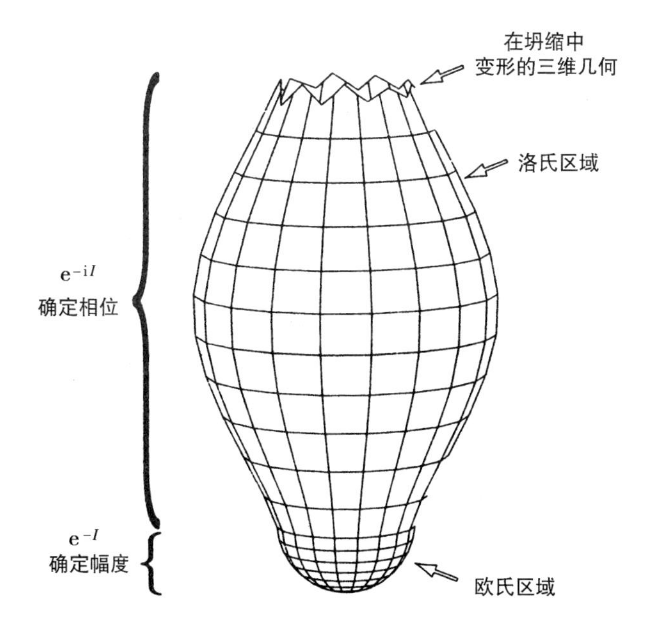

图7.4 在向坍缩三维几何隧道穿透中，欧氏截面确定三维几何波函数的幅度，而洛氏截面确定其相位

我下面谈到的是有关盒子中的黑洞的理想实验。罗杰似乎仍然要宣称，因为许多不同的配置能坍缩并形成同一个黑洞，所以存在相空间体积丧失。但是黑洞热力学的整个要点是避免这种相空间丧失。人们把一个熵赋予黑洞正是因为它们可以e^s方法形成。当它们以一种时间对称的方式蒸发时，它们以e^s方式发出辐射。这样，不存在相空间体积丧失，并不需要去求助**R**过程给予补偿。这么说也行：我相信引力坍缩，但是不相信波函数坍缩。

我最后要谈黑洞和白洞的等同。罗杰反对道，其卡特–彭罗斯图非常不同（图7.5）。我同意，它们是不同的，但是还要说，它们只不过是经典的图画。我要在量子理论中宣称，对于一位外界观察者而言，黑洞和白洞是相同的。但是，罗杰也许会反驳，对于某个落进洞里去的人，他会怎么认为呢？我认为这个论证陷入了假定时空正如在经典理论中只存在单独的度规的陷阱。另一方面，在量子理论中，人们必

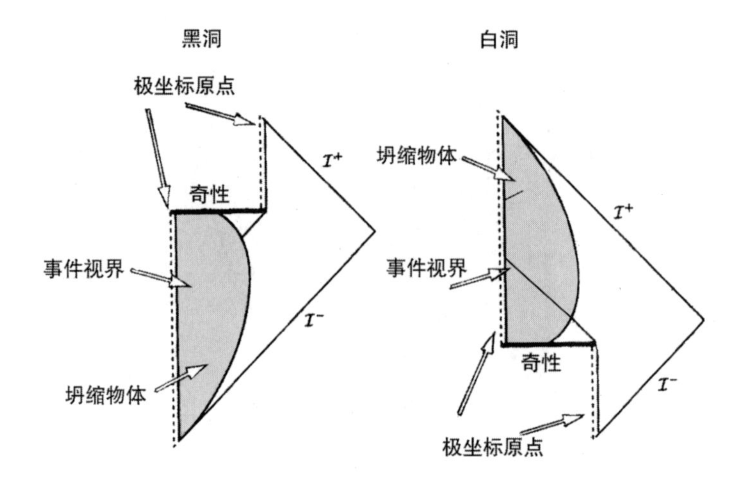

图7.5 黑洞和白洞的卡特–彭罗斯图

须对所有可能度规进行路径积分。对不同的问题将具有不同的鞍点度规。尤其是，对于外界观察者间的问题的鞍点度规，和对于一位落进的观察者的鞍点度规不同。人们还能想象黑洞能发射出观察者来。其概率是小的但仍是可能的。对于这样一位观察者的鞍点度规将对应于白洞卡特-彭罗斯图。这样，我关于黑洞和白洞等价的宣称是和谐的。这是仅有的使量子引力CPT不变的自然方法。

罗杰·彭罗斯答复

让我回到史蒂芬有关猫问题的评论。事实上本征值的相等与问题无关。最近已被证明（休斯顿，等1993），对于任何密度矩阵（甚至具有完全不同的本征值）的所有把它写成（不必是正交的）态的概率混合，存在一种测量。人们在原则上可以对“态矢量的未知部分”进行该测量，它能够把“已知部分”的密度矩阵解释成该特定的概率混合。此外，就环境的效应而言，可以指出，尽管非对角项可能很小，它们对本征态的效应也可以很大。史蒂芬还进而提到子弹等等。这并没有击中要害，因为我们对只有“猫”的系统存在的问题仍然适用于“猫+子弹”的系统。我认为这个有关“实在”的问题是史蒂芬和我之间的根本差别，它还和其他问题有关——例如，有关白洞和黑洞是否相等，等等。所有这一切真正地显示了，在宏观水平我们只感知一个时空的事实。这样，我觉得人们要么必须支持（A），要么必须支持（B）——我觉得史蒂芬没有涉及这一点。

对于非常小的洞而言，黑洞和白洞可以非常类似。一个小黑洞会发射出大量辐射，因而会和一个白洞相似。人们以为一个小白洞也会吸收大量辐射。但是我觉得这种等同在宏观水平上不尽合适；我相信这里还缺少一点什么。

量子力学才诞生75年。如果人们把它和牛顿的引力论相比较，这个时间是短暂的。因此如果量子力学对于非常宏观物体有一天必须加以修正，我不觉得惊讶。

在辩论的开头史蒂芬说，他认为他是一个实证主义者，而我是一个柏拉图主义者。我乐意接受他为实证主义者，但是我认为这儿的关键点是，我宁愿被称为现实主义者。还有，如果有人把这次辩论和玻尔与爱因斯坦之间的70多年前的著名论争相比较，我认为史蒂芬应该取玻尔的角色，而我取爱因斯坦的角色！因为爱因斯坦论断道，必须存在不被波函数表示的诸如真实世界的某物，而玻尔强调道，波函数不描写一个“真实”的微观世界，它只不过是对做预言有用的“知识”而已。

人们认为玻尔赢得了这次论争。事实上，根据佩斯（1994）最近的爱因斯坦传记，爱因斯坦若在1925年之后以钓鱼度过余生，这对科学并无甚损失。的确，他并没有获得许多进展，尽管其犀利的批判非常有用。我相信，爱因斯坦没有继续在量子论做出许多贡献，乃是量子力学中缺失了关键的部分。这个缺失的部分正是50年之后史蒂芬的发现，黑洞辐射。正是这种和黑洞辐射相关的信息缺失提供了新观念。

问答

盖瑞·霍罗维茨(评论): 有关弦理论有许多轻视的评价。尽管它们曾被人轻视过，至少其中的许多种似乎显示，弦理论是相当重要的。其中一些评论是误导的，有些完全错误。首先，弦理论在弱场极限下归结成广义相对论，而因此可以导出广义相对论所推出的一切。它也许能更好地理解在奇性处发生的，而且事实上一些不能控制的发散似乎已被弦理论所解决。我当然不是宣称说，弦理论已经克服了它的所有问题，但是它仍然是一个非常有前途的途径。

问：一个令人困扰的问题，还是关于猫的。

答：罗杰·彭罗斯重新解释猫的问题。

问：罗杰·彭罗斯能对离析历史的方法加以评论吗？人们已经知道存在由外界环境引起的非常好的离析；然而，人们（还）未能理解，离析如何从内部起作用。这也许和离析也许与时空性质相关这个事实有关？

答（彭罗斯）：在离析历史规划中，和R操作等效的某种东西是该框架的一部分。它和通常的量子力学不同，但是尽管如此它也是某种和我的方法不同的东西，然而，听到说它也许和时空结构有关是令人感兴趣的。就时间非对称问题而言，我认为我的方法和和谐历史方法的差异比和史蒂芬方法的差异小。

问：盒子中的黑洞的理想实验的熵是怎么回事？时间反演的情形是否违反热力学第二定律？

答（霍金）：盒子处于最大熵状态。系统各态历经地在所有可能态之间徘徊，因此并不违反。

问：量子测量的机制能用实验检测吗?

答（彭罗斯）：（在原则上）应是可能用实验检测到它。人们也许必须尝试某种大尺度的类型试验。这类实验的麻烦在于，环境引起的离析效应通常比人们愿意测量的效应更大。这样，人们就必须把系统隔离得非常好。尽我所知，还没有人提出检验这个思想的细节，但这肯定是十分有趣的。

问：在一个宇宙的暴涨模型中，宇宙的质量必须在膨胀和收缩宇宙之间平衡得非常好。迄今平衡所需的物质只有百分之十被观测到，而寻找余下的物质使我联想起上世纪和本世纪之交对“以太”的寻找。你愿对此做评论吗?

答（彭罗斯）：我对哈勃常数取当前的值的范围颇为高兴，我可以认可百分之十的临界质量。反正我从未特别喜爱暴涨模型。但是我认为史蒂芬要宇宙是闭合的，作为他无边界假设的一部分。（霍金：是！）

答（霍金）：哈勃常数可能比宣布的小。在过去的50年间它减少了10倍，而我看不出它为何不会再减少一半。这就减少了所要寻找的物质。

参考文献

Aharonov, Y., Bergmann, P., and Lebowitz, J. L. 1964. Time symmetry in the quantum process of measurement. In *Quantum Theory and Measurement,* ed. J. A. Wheeler and W. H. Zurek. Princeton University Press, Princeton, 1983. Originally in *Phys. Rev.* 134B, 1410–1416.

–

Bekenstein, J. 1973. Black holes and entropy. *Phys. Rev.* D7, 2333–2346.

–

Carter, B. 1971. Axisymmetric black hole has only two degrees of freedom. *Phys. Rev. Lett.* 26, 331–333.

–

Diósi, L. 1989. Models for universal reduction of macroscopic quantum fluctuations. *Phys. Rev.* A40,1165–1174.

–

Fletcher, J., and Woodhouse, N. M. J. 1990. Twistor characterization of stationary axisymmetric solutions of Einstein 's equations. In *Twistors in Mathematics and Physics,* ed. T. N. Bailey and R. J. Baston. LMS Lecture Notes Series 156. Cambridge University Press, Cambridge, U. K.

–

Gell-Mann, M., and Hartle, J. B. 1990. In *Complexity, Entropy, and the Physics of Information.* SFI Studies in the Science of Complexity, vol. 8, ed. W. Zurek. Addison-Wesley, Reading, Mass.

–

Geroch, R. 1970. Domain of dependence. *J. Math. Phys.* 11,427–449.

–

Getoch, R., Kronheimer, E. H., and Penrose, R. 1972. Ideal points in spacetime. *Proc. Roy. Soc. London* A347,545–567.

–

Ghirardi, G. C., Grassi, R., and Rimini, A. 1990.Continuous-spontaneous-reduction model involving gravity. *Phys. Rev.* A42, 1057–1064.

–

Gibbons, G. W. 1972. The time-symmetric initial value problem for black holes. *Comm. Math. Phys.* 27,87–102.

–

Griffiths, R. 1984. Consistent histories and the interpretation of quantum mechanics. *J. Stat. Phys.*36,219–272.

–

Hartle, J. B., and Hawking, S. W. 1983. Wave function of the universe. *Phys. Rev.* D28,2960–2975.

–

Hawking, S. W. 1965. Occurrence of singularities in open universes. *Phys. Rev. Lett.* 15,689–690.

–

Hawking, S. W. 1972. Black holes in general relativity. *Comm. Math. Phys.* 25,152–166.

–

Hawking, S. W. 1975. Particle creation by black holes. *Comm. Math. Phys.* 43, 199–220.

–

Hawking, S. W., and Penrose, R. 1970. The singularities of gravitational collapse and cosmology. Proc. Roy. Soc. Londou A314,529–548.

–

Hodges, A. P. 1982. Twistor diagrams. *Physica* 114A, 157–175.

–

Hodges, A. P. 1985. A twistor approach to the regularization of divergences. *Proc. Roy. Soc. London* A397, 341–74. Also, Mass eigenstates in twistor theory, ibid., 375–396.

–

Hodges, A. P. 1990. Twistor diagrams and Feynman diagrams. In *Twistors in Mathematics and Physics,* ed. T. N. Bailey and R. J. Baston. LMS Lecture Notes Series 156. Cambridge University Press, Cambridge, U. K.

–

Hodges, A. P., Penrose, R., and Singer, M. A. 1989. A twistor conformal field theory for four space–time dimensions. *Phys. Lett.* B216,48–52.

–

Huggett, S. A., and Tod, K. P. 1985. *An Introduction to Twistor Theory.* London Math. Soc. student texts. LMS publication, Cambridge University Press, New York.

–

Hughston, L. P., Jozsa, R., and Wooters, W. K. 1993. A complete classification of quantum ensembles having a given density matrix. *Phsy. Lett.* A183, 14–18.

–

Israel, W. 1967. Event horizons in static vacuum space–times. *Phys. Rev.* 164, 1776–1779.

–

Majorana, E. 1932. Atomi orientati in campo magnetico variabile. *Nuovo Cimento* 9, 43–50.

–

Mason, L., J., and Woodhouse, N. M. J. 1996. *Integrable Systems and Twistor Theory* （tentative）. Oxford University Press, Oxford （forthcoming）

–

Newman, R. P. A. C. 1993. On the structure of conformal singularities in classical general relativity. *Proc. Roy. Soc. London* A443,473–492; Ⅱ , Evolution equations and a conjecture of K. P. Tod, ibid., 493–515.

–

Omnes, R. 1992. Consistent interpretations of quantum mechanics. *Rev. Mod. Phys.* 64,339–82.

–

Oppenheimer, J. R., and Snyder, H. 1939. On continued gravitational contraction. *Phys. Rev.* 56, 455–459.

–

Pais, A. 1994. *Einstein Lived Here.* Oxford University Press, Oxford.

–

Penrose, R. 1965. Gravtational collapse and space–time singularities. *Phys. Rev. Lett.* 14,57–59.

–

Penrose, R. 1973. Naked singularities. *Ann. N. Y. Acad. Sci.* 224,125–134.

–

Penrose, R. 1976. Non–Linear gravitons and curved twistor theory. *Gen. Rev. Grav.* 7, 31–52.

–

Penrose, R. 1978. Singularities of space–time. In *Theoretical Principles in Astrophysics and*

Relativity, ed. N. R. Liebowitz, W. H. Reid, and P. O. Vandervoort. University of Chicago Press, Chicago.

–

Penrose, R. 1979. Singularties and time–asymmetry. In *General Relativity: An Einstein Centenary,* ed. S. W. Hawking and W. Israel. Cambridge University Press, Cambridge, U. K.

–

Penrose, R. 1982. Quasi–local mass and angular momentum in general relativity. *Proc. Roy. Soc. London* A381, 53–63.

–

Penrose, R. 1986. On the origins of twistor theory. In *Gravitation and Geometry* （I. Robinson Festschrift volume）, ed. W. Rindler and A. Trautman. Bibliopolis, Naples.

–

Penrose, R. 1992. Twistors as spin 3/2 charges. In *Gravitation and Modern Cosmology* （P. G. Bergmann 's 75th Birthday volume）, ed. A. Zichichi, N. de Sabbata, and N. sánchez. Plenum Press, New York.

–

Penrose, R. 1993. Gravity and quantum mechanics. In *General Relativity and Gravitation* 1992. Proceedings of the Thirteenth International Conference on General Relativity and Gravitation held at Cordoba, Argentina, 28 June–4 July 1992. Part 1, Plenary Lectures, ed. R. J. Gleiser, C. N. Kozameh, and O. M. Moreschi. Institute of Physics Publication, Bristol and Philadelphia.

–

Penrose, R. 1994. *Shadows of the Mind: An Approach to the Missing Science of Consciousness.* Oxford University Press, Oxford.

–

Penrose, R., and Rindler, W. 1984. *Spinors and Space–Time*, vol. 1: *Two–Spinor Calculus and Relativistic Fields.* Cambridge University Press. Cambridge.

–

Penrose, R., and Rindler, W. 1986. *Spinors and Space–Time,* vol. 2: *Spinor and Twistor Methods in Space–Time Geometry.* Cambridge University Press, Cambridge.

–

Rindler, W. 1977. *Essential Relativity.* Springer–Verlag, New York.

–

Robinson, D. C. 1975. Uniqueness of the Kerr black hole. *Phys. Rev. Lett.* 34, 905–906.

–

Seifert, H.–J. 1971. The causal boundary of space–times. J. Gen. Rel. and Grav. 1, 247–259.

–

Tod, K. P. 1990. Penrose 's quasi–Jocal mass. In *Twistors in Mathematics and Physics,* ed. T. N. Bailey and R. J. Baston. LMS Lecture Notes Series 156. Cambridge University Press, Cambridge, U. K.

–

Ward, R. S. 1977. On self–dual gauge fields. *Phys. Lett.* 61A, 81–82.

–

Ward, R. S. 1983. Stationary and axi–symmetric spacetime. *Gen. Rel. Grav.* 15,105–109.

–

Woodhouse, N. M. J., and Mason, L. J. 1988. The Geroch group and non Hausdorff twistor spaces. *Nonlinearity* 1, 73–114.

图书在版编目（CIP）数据

时空本性 /（英）史蒂芬·霍金，（英）罗杰·彭罗斯著；吴忠超，杜欣欣译．— 长沙：湖南科学技术出版社，2018.1
（第一推动丛书．宇宙系列）
ISBN 978-7-5357-9453-6
Ⅰ．①时… Ⅱ．①史… ②罗… ③吴… ④杜… Ⅲ．①时空—研究 Ⅳ．① O412.1
中国版本图书馆 CIP 数据核字（2017）第 213926 号

SHIKONG BENXING
时空本性

著者
[英] 史蒂芬·霍金
[英] 罗杰·彭罗斯
译者
吴忠超 杜欣欣
责任编辑
李永平 吴炜 戴涛 杨波
装帧设计
邵年 李叶 李星霖 赵宛青
出版发行
湖南科学技术出版社
社址
长沙市湘雅路 276 号
http://www.hnstp.com
湖南科学技术出版社
天猫旗舰店网址
http://hnkjcbs.tmall.com
邮购联系
本社直销科 0731-84375808

印刷
湖南天闻新华印务邵阳有限公司
厂址
湖南省邵阳市东大路 776 号
邮编
422001
版次
2018 年 1 月第 1 版
印次
2018 年 4 月第 2 次印刷
开本
880mm × 1230mm 1/32
印张
5.25
字数
104000
书号
ISBN 978-7-5357-9453-6
定价
29.00 元